# 天生是飯人

born to cook

歐陽應霽 著

# 我 是 飯 人

曾經有那麼三五年，頻頻走訪生活在中港台各地的新朋舊友，有幸到她們他們的家中，抱膝長談，談生活，談創作，談家居布置建構細節。朋友們也樂意我把這過程都用攝影用文字記錄下來，發表出版，成為與更多讀者朋友分享生活體驗的一個機會。

其實在這好幾年的豐富交往經歷中，我從留意這些好朋友的書房藏書、工作室設備、用具以至衣櫥服飾這些直接可以反映主人行事性格的環境和物件，轉而更集中留意大家各自廚房裡的各種裝置設備──從高端的廚具組合家電配套到從各地跳蚤市場撿回來的古董級杯盤碗碟刀叉匙筷。有的開放式廚房接連著飯廳接連著書櫃都堆滿與食物相關的中外食譜，有的冰箱裡面長期堆滿遠近馳名的各個家鄉特式食材。如果主人興之所至，更會親自下廚示範拿手好菜宴請貪吃來客，把自己最真摯的一面，最屬害的一手，表現得色香味俱全，淋漓盡致。

走進這個那個各有性格特色的廚房，就像再多開一道門加開幾扇窗，更進一步地認識這位那位朋友的生活態度以至做人原則。廚房和餐桌也成了一個交流和分享的平台。其實我們每個家庭最基本細緻的關愛，溝通對話以至爭執糾纏，不也就是圍繞日常生活中的飲飲食食發生的嗎？

所以在自己家裡燒菜，到或遠或近不同朋友家做飯，甚至找片郊野找個公園席地野餐，都是自然不過的樂事。其實很多身邊朋友都經常在實踐了，我只是比較多事，來往出入菜市場和廚房，跟杯盤碗碟刀叉匙筷為伍，與四季不同食材作伴，背靠冰箱乘涼，以桌布作帳，在餐桌上飽酣熟睡……更夥同我越來越嘴饞的攝影助手，把這為食過程都給好好記錄下來，留個念，作分享。

看來這樣的動作已成習慣，生活本該這樣簡單純粹，那就藉此機會正式把自己叫作飯人吧，而且更得承認，這飯人是天生的。

應霽　2011年5月

目次

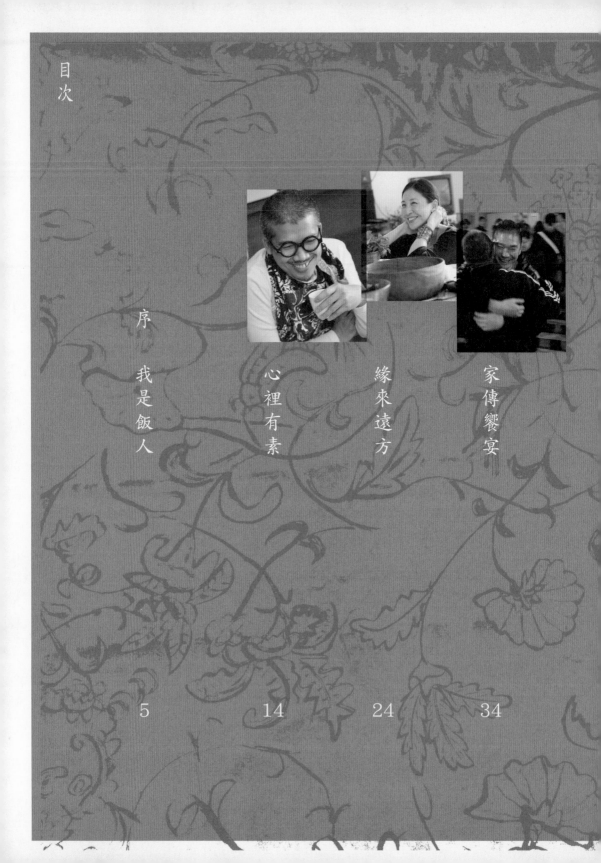

# 心裡有素

說了好多趟要到 Stanley 家裡去做一頓飯，
唯一的掙扎是他家的裝潢布置
用料顏色選擇實在太對胃口也太舒服，
進門就像回到自己的家，馬上懶起來，
往沙發一躺就什麼也不想做。

終於下定決心相互約好，
找了一個難得大家都閒著的周六午後，
手挽大袋小袋的食材來到他的港島半山
有著無敵維多利亞海港景致的住所。

說實在的，我大抵沒有為我的朋友兩肋插刀的能力。

因為刀一旦硬生生地插進去，恐怕我連再見也來不及說就馬上倒地不支了，還要麻煩人家把我抬走丟掉，豈不更是個負累？要麼是更激、更有民間傳奇色彩的上刀山下油鍋，要麼就是走進廚房為朋友舞刀弄鏟，然後捧出一桌色香味應該還可以的小菜大菜。個人能力有限，能夠在對的時候沒有做錯事，已經算是萬幸。

當然做人還是會稍稍偏心的。我常常對自稱「又一山人」的老朋友黃炳培說，除了他身邊的「又一夫人」外，我大抵是這個世界上最能照顧他飲食的朋友了。黃炳培吃素，所以每當一大群朋友在外頭碰面聚餐，我除了理所當然地擔當挑選餐廳和點菜的角色，盡量保證大家吃個盡興，也總是沒有忘掉我這位吃素的老友，先為他點好幾個專屬的菜式。也正因如此，本來大魚大肉的一頓飯，就有了比較健康清淡的平衡，說來我們倒真的要感激他的堅持。

一般朋友認識 Stanley 黃炳培，應該都從他受「紅白藍」塑膠布啟發而創作的好一批攝影裝置藝術品開始。這些作為建築工地和街頭攤販的帳篷和運輸儲物袋子的布料，在他的整理收集和演繹安排下，從日常生活器物的層次，提升為象徵代表香港的勤勞刻苦，撐得起、擺得平的庶民性格和精神象徵。如果紅白藍塑膠布成為香港特別行政區的區旗和指定色，相信肯定會搶走部分法國國旗的風頭。

對於更近距離熟悉他的朋友來說，念念不忘的該是他在從事廣告創作時期（也是香港廣告製作的黃金時代）的好些膾炙人口以至激勵人心的作品，也因為他專注大眾傳播的敏銳觸覺，所以近年來在換了跑道花上更多時間從事個人藝術創作時，作品就有了更大的社會性、日常性和包容性。不走孤寡偏生，專往廢置舊樓裡鑽的「空白牆報版」先生、「監倉」先生和「塗鴉」先生。有了這樣的老朋友，三不五時都會被他作品裡的視覺能量震撼一下，我也就更能滿足地跑進廚房去做我的分內事了。

說了好多趟要到 Stanley 家裡去做一頓飯，但唯一的掙扎是他家裝潢布置的用料和顏色選擇實在太對胃口也太舒服，一進門就像回到自己的家，馬上懶起來，往沙發一躺就什麼也不想做。終於下定決心相互約好，找了一個難得大家都閒著的週六午後，手捥大袋小袋的食材來到他在港島半山擁有無敵維多利亞海港景致的住所。平常來的時候大多是晚上，喝著茶捧著酒，看到的是別有滋味的萬家燈火。而今天，眼前的繁華市巷在大太陽底下比真實還真實，窗前呆站看不厭，幾乎把五菜一飯加一甜點的時間都耽誤了。

「又一山人」還在山的另一端未歸，廚房裡和「又一夫人」一邊洗洗切切一邊天南地北閒話家常。登堂入室做的這頓飯當然全是素菜，避開了男主人不喜的生冷，辛辣，酸澀以及黏稠調醬（他也真是挺挑剔挺有要求的），還好他吃蛋奶類製品，還算有些空間讓我放肆發揮。所以，一桌素菜包括了各式將青豆燙過後下了芝麻沾醬的涼拌，他最愛吃的蓮藕做得蛋白豆腐夾，用雲南牛肝菌片作配料的蒸蛋，東洋風味的牛蒡紅蘿蔔地瓜煮，還炒了一盤鹹蛋黃豆角（長豆）配菠菜糙米飯，忙亂中唯獨欠了一道像樣的湯水，卻也有了下次再來一顯身手的藉口。

明亮的室內，玻璃飯桌上擺了滿滿的一桌素菜，豐盛而平和。席間談起他最近在一次聯展中展出的一組作品——用特別量度設計的平常家用沙發茶几重組裝嵌而成的人生最後一件「家具」——一副棺木。這可是我們多年前就拿來討論的一個項目，還記得我笑著跟他說看誰先行一步，屆時還未走的那個可得友情客串幫忙做老友最後一回露面的美術指導，從靈堂布置、照片選擇、燈光強弱到鮮花擺放和音樂編排，當然還有那一副作為目光焦點的棺木。想不到他原來沒有忘記做功課，先來一個暖身預告，作品稱作「無常」，與他近年學佛的思路有所連接——我所關心的「無常」說來其實是食材素質的穩定與否以及食材價格的起落變化，以及食品包裝上大肆標榜的「有機」是否真正有機，素食者可用是否真的可用，與炳培兄相比，他是大無常，我是小無常。

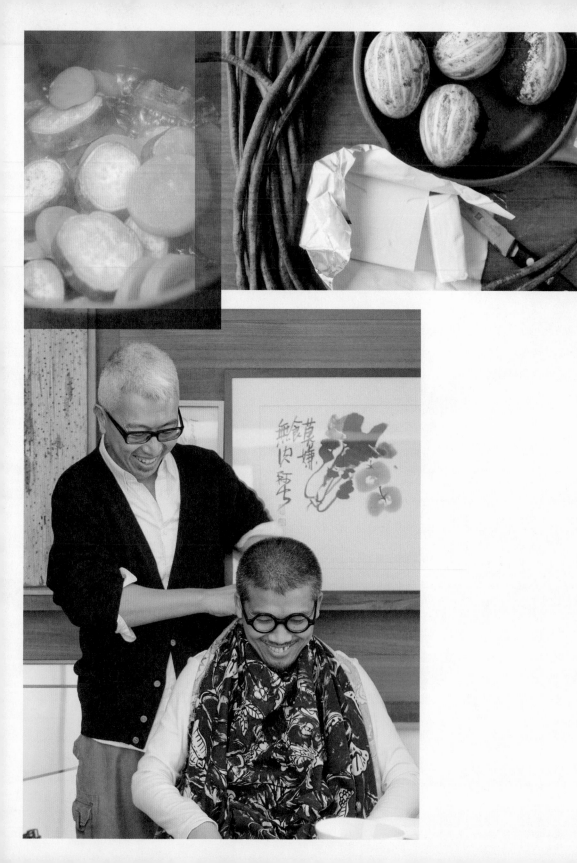

## 翠綠暖沙拉

材料：

西蘭花　1小球
荷蘭豆　20根
豌豆　20根
細豆角　30根
闊葉歐芹　1束
芫荽（香菜）　適量
蒜頭　2瓣
黑/白芝麻　各1茶匙
芝麻醬　2湯匙
醬油　1湯匙
蜂蜜　2湯匙
義大利陳醋　少許

－ 先將黑白芝麻烤香，蒜頭去皮切極細。
－ 淡口芝麻醬盛碗中，加入醬油、蜂蜜、蒜頭、陳醋，拌好做沾醬備用。
－ 法國細豆角、豌豆與荷蘭豆洗淨，切去頭尾並順手將豆莢中的筋撕離，西蘭花洗淨切小塊。
－ 燒開水把所有蔬菜放進，略燙過後在潔淨的冷水中稍稍沖洗，並用廚紙拭乾。
－ 蔬菜置盤中，澆上調好的沾醬，撒上芝麻以及洗淨的芫荽，清嫩美味四季健康。

## 鹹蛋黃豆角（長豆）

材料：

青豆角（長豆）　1束
鹹蛋黃　4個
奶油　適量
橄欖油　適量

－ 青豆角洗淨切粒，以橄欖油炒熟，備用。
－ 鹹蛋去泥洗淨，沸水煮熟後只取鹹蛋黃。
－ 以奶油起鍋，放入鹹蛋黃，推研成蛋黃醬。
－ 加入炒好的豆角粒，與鹹蛋黃醬拌勻即可裝盤。

## 蘿蔔番薯牛蒡煮

材料：

紅蘿蔔　1個
甜番薯　1個
牛蒡　2條
闊葉歐芹　1束
糖　1匙
生抽醬油　1匙
日本味醂料酒　5匙

－ 先將牛蒡表皮沾滿的泥巴洗淨，切約1公分厚片。
－ 再將紅蘿蔔洗淨切片，番薯洗淨連皮切片。
－ 燒開水把幾種食材放進，將鍋蓋蓋上將食材煮軟。
－ 掀蓋下糖調味，加進味醂提味，最後下醬油，讓醬料煮至略濃稠，盛於碗中，放少許歐芹增添色香味！

## 蛋白豆腐蓮藕夾

材料：

蓮藕　2段
蛋白　2個
豆腐　1塊
鹽　適量
現磨黑胡椒　適量

－ 將1段蓮藕洗淨削皮切成薄片，放進鹽水中稍浸以防變黑；另1段蓮藕削皮後磨成茸。
－ 豆腐切薄片置碗中以筷子拌碎。
－ 將2顆雞蛋敲開，只取蛋白放碗中，與豆腐茸及蓮藕茸一起拌勻。
－ 現磨少許黑胡椒和細鹽拌和調味。
－ 蓮藕片拭水後置盤中，將餡料置於其上，再以另1塊蓮藕片蓋住成夾狀。
－ 將整盤蓮藕夾放入盛水預熱的蒸鍋中蒸熟，簡易手工，意想不到的精緻。

## 番薯菠菜糙米飯

材料：

糙米　1杯
番薯　1個
菠菜　1/2斤
麻油　適量

－ 番薯洗淨切粒。
－ 糙米洗好，與番薯一道放鍋中煮熟。
－ 菠菜洗淨切細，待飯熟後與麻油一道拌進飯鍋裡，拌勻即成。

## 牛肝菌片蒸蛋

雞蛋　4顆
青蔥　1棵
牛肝菌片　10數片
橄欖油/醬油　少許

－ 牛肝菌片用冷水沖洗去沙，再用溫水泡軟。
－ 蔥洗淨，取最嫩之中段切極細。
－ 打4顆雞蛋，打勻成蛋液，加進蛋液容量1.5倍的白開水，再一起拌勻。
－ 將蛋液倒入盤中，放入適量浸軟之牛肝菌，再放入已燒開水的鍋中蒸蛋，盤上加蓋，以防倒汗水影響蛋面。
－ 蛋蒸好，在蛋面澆上燒熱的橄欖油，再澆上醬油及撒上少許蔥花。

# 緣來遠方

那天下午準備了簡單食物到你在香港離島的家午餐，
確實是個美妙愉悅的回憶。

你不止一次地說你非常喜歡這個極其偏遠的臨海小屋，
爭取把這兒不止當成週末度假屋而要經常進駐。
但你又說全心全意愛到最後最極致就是能夠放手——
這是我等俗人只能嚮往但暫時無法實踐的境界。

Dear Adele,

首先說一聲對不起。經過跟自己的一番糾纏掙扎，還是決定這一趟沒法跟你和朋友一道往祕魯半月作靈修體驗。

還記得那天跟你聊天，聽你敘述兩度祕魯之行的神奇經歷，馬上衝動地說下回你若組團帶路，一定跟隨。但當接到你精心籌畫的行程和出發時間，卻發現和自己早已答允的好些工作計畫時間有衝突 —— 其實也就是自己未決定真正放開自己，無此膽識讓種種未知肆意發生。當一個人長久安於在計畫預算中行走，亦固守自己的某些生活習慣，就很難放鬆地不設防地隨機放縱。也許說到底就是緣分未到，遠方祕魯的種種能量還是離我太遠太陌生。單單想像一下子身處當地還是敏感得有點兒慌張，暗自擔心一下子啟動起來太投入，恐怕一去就不想再回來。嘿，這都是無聊藉口。

認識現在的你，是通過翻閱香港明報週刊的時裝攝影。你做得時裝形象的確跟別人的處理很不一樣，模特兒在你的引導下就這麼一站，衣服這樣一配搭，一種屬於這個時代的精神屬於你個人的氣質就自然而生。你說來人生這個階段，生活與工作已經渾然一體，唯一的責任就是要 shine 自己——當日那一剎那地要為這 shine 字尋一翻譯，「活出自己成就」、「自己光耀自己」都未能達意。因為我們都明白瞭解，從前把這當興趣當職業，但如今一舉手一投足其實就是自己，每個創作人所做的一切都是內裡知覺的表現，內裡料子有多有少，自己心裡有數，旁觀的也一清二楚。

和你聊天實在痛快，因為不兜轉無冷場馬上就直指議題重心。但若不是由你親口道出，也不知你長久以來經歷了這麼多掙扎才磨練出如今的俐落灑脫。你說你二十多歲前在香港的童年和移民加拿大時的青少年階段完全是「一片空白」，只是不斷地重覆著一些開脫不了的苦悶。就像必須經過曲折漫長的黑暗巷道走到最後才看見微弱的光。當終於由自己拿定主意要獨自回港開展新的一頁，如夢初醒才正式開始「生存」。

回港的頭五年你毛遂自薦闖進了雜誌媒體，在總編的慧眼賞識提攜下，倒沒有馬上駕輕就熟地用上你的時裝專業知識，卻重拾起放下了九年的中文，苦苦翻查字典寫起了文字專欄，當了專題主編，五年來在媒體行走就是本著有話要說的衝動。但在這些以消費作主導的注重「外表」的雜誌運作體系中，要爭取表現「內涵」實在也不是一件容易的事，更何況更多時候是自己的 ego，還擺不平工作與個人之間的矛盾微妙關係。而當你決定要與這物質世界的虛像一同幻滅於眼前，或許就是你離開媒體而真的重返大自然的那一天。

你的果斷足夠叫我們這些只說不做（或者做一點點）的傢伙汗顏，接著的五年你真的就回到鄉間耕起田來。你說你要重新記起與大自然的關係，認識明白大自然的節奏，與土地交換各自需要的能量。你開始茹素，你開始接受作物與動物間相生相剋的自然規律，但隨著兒子的出生，隨著你與孩子父親感情關係的變化，你發覺自己更渴望的是一個沒有對錯框框的全方位的與大環境的融合，所以經過反覆考慮，又毅然放下農耕和素食者的身分，重新以媒體自由人的眼光角度去演繹生活時尚。這就是最近這幾年來我所認識的你，聽你娓娓道來我才明白你為何與眾不同。

而更叫我感好奇的是，你說過你自小以來都不認為自己歸屬於一個地方，不屬於香港、內地、加拿大，甚至不屬於這個地球——說來我真的懷疑你有可能是外星來客。但當你第一次踏足南美祕魯，通過顏色、聲音、味道的接觸，你忽然感覺到自己跟這遙遠古老國度的聯繫；當你第二次回到祕魯，你強烈地感受到那來自土地的能量與你在強烈互動相通，加上當地薩滿的指引，傳統通靈儀式的體驗，你更確定自己屬於這地方，到了一個離開之後日思夜念的地步。但你也夠清醒，

明白這地理上的阻隔會叫人痛苦，所以你放緩心情，用書寫分享體驗，也組織身邊朋友讓他們有機會前去親身體驗，我這回是無緣分白白錯過，但總相信有朝一日一定跟隨成行。

還得告訴你，那天下午準備了簡單食物到你在香港離島的家午餐，確實是個美妙愉悅的回憶。你不止一次地說你非常喜歡這個極其偏遠的臨海小屋，爭取把這兒不止當成一週末度假屋而要經常進駐。但你又說全心全意愛到最後最極致就是能夠放手——這是我等俗人只能嚮往但暫時無法實踐的境界。不過無論如何能夠為如你一般對生活有那麼多有趣感觸的朋友好好做點吃的喝的，讓大家休息一下高興一番，都是我的榮幸，也該都是我們理解的正向能量的補充吧。

在你出發往祕魯前給你寫這封信，期待半個月後見面分享你的奇妙旅途體驗，祝一路順風！

應霽

2010年1月1日

## 紅菜頭松子涼拌

材料：

紅菜頭　3個
松子　適量
青檸檬　1個
鹽　少許
橄欖油　適量
現磨黑胡椒　少許
沙拉蛋醬　2匙

- 先將紅菜頭洗淨去皮，切成薄塊，加適量橄欖油和沙拉蛋醬拌勻，擠入檸檬汁拌勻備用。
- 烤香松子並添海鹽調味。
- 紅菜頭置入盤中，撒上烤香的松子。
- 磨進少許黑胡椒，一盤充滿泥土生鮮氣息和滋味的涼拌菜活現眼前。

## 柚子鮮橙沙拉

材料：

鮮橙　2個
西柚　1個
檸檬　1/2個
鮮薄荷葉　1束
開心果　30粒
去核蜜棗(dates)　8粒
橙花蜜糖　5匙

- 先將開心果去外殼取果肉備用。
- 蜜棗切成小粒。
- 薄荷葉沖水洗淨拭乾，將葉片摘出隨意撕碎備用。
- 將西柚去皮切厚片。
- 將鮮橙去皮切厚片，並與西柚一道鋪在盤子上。
- 將薄荷葉鋪在鮮橙和西柚片上。
- 將開心果及蜜棗隨意撒上。
- 檸檬切半，將檸檬汁擠灑於盤中。
- 澆進橙花蜜，可當作前菜或者甜品的中東風味活現眼前，急不可待入口！

## 茴香芯涼拌配三式義大利風乾肉

材料：

3種義大利風乾肉　各8片
茴香芯　3個
橄欖油　適量

- 先將茴香洗淨，去皮留芯部，切成細條，以橄欖油略拌。
- 配以巴馬火腿，黑胡椒風乾肉和豬油膏片同食。

## 西紅柿（番茄）義大利麵

材料：

紅西紅柿（番茄）　8個
西紅柿（番茄）乾　8片
蒜頭　2瓣
紅辣椒　3隻
闊葉歐芹　1束
橄欖油　適量
原砂糖　2匙
鹽　適量
義大利麵　1/2包

- 先將西紅柿乾沖水拭乾切細備用。
- 蒜頭去表皮，2/3切細粒，1/3切片備用。
- 西紅柿洗淨，切小塊備用。
- 水燒開後放入義大利麵並加適量鹽。
- 燒紅小鍋，下油先爆香蒜粒。
- 將切碎的紅辣椒和西紅柿放下同炒。
- 將2/3西紅柿乾放進拌炒。
- 待西紅柿煮軟後下1大匙糖調味。
- 熬煮至蒜頭、西紅柿融軟成稠醬狀，不斷攪拌以防沾鍋變焦。
- 同時以小鍋炸香蒜片和餘下1/3西紅柿乾，起鍋備用。
- 麵條煮好後放入西紅柿醬拌好。
- 將麵裝入盤後放上炸香的蒜片和西紅柿乾，加入歐芹提味。

## 義大利桃香餐後酒
Moscato Nivole

# 家傳饗宴

嘴刁好吃如我絕對不在元朗鄉間範圍以外吃盆菜，
怎麼也要等到一年一度這個好日子，
熱熱鬧鬧，高高興興，
一嚐再嚐聯哥與一眾助手盡心盡力傳承的傳統真滋味。

一層一層地把堆疊盆中的白蘿蔔、豬皮、土魷、枝竹、炆豬肉、
炆冬菇、炸門鱔、手打魚球通通吃個夠，
還有William今年與聯哥商量之後
特別配搭演出的黃酒雞、了酸豬手、燉陳皮鴨湯……

## 9：10am

大年初三，早上九點三十分，港鐵西鐵線天水圍站站台，我比約定的時間早到了半小時。

不用舟車勞頓，不用左顧右盼，從離島家裡到這裡不用一個小時，便捷的交通工具把時空人事物連接，壓縮又延展。猶記得才是那麼三五年前，從市區來此兜兜轉轉得花上半天的時間，心情轉換數番，鋪排出完整的冀盼、過度、等待、領受、體會、得失，而……如今是方便得有點不知所措，俐落得有點簡陋，雖然當中有著大眾對發展及速度的虔誠膜拜，不敢隨便挑剔。

剛才在明亮光潔的車廂裡往外望，窗外的青山綠樹和新建樓房堆疊貨櫃的比例已經傾斜，也無所謂接受不接受這個事實，反正就得更坦然地進入這個時代，不被這倉促零散影了吃飯的情緒，更何況今天身臨現場就是要開懷大吃，出席老友鄧達智William一年一度在元朗屏山鄧氏宗祠為母親祝壽的盆菜宴。

## 10：30am

聚星樓，作為元朗屏山文物徑的起點，是一棟重修後只剩下三層的古塔。曾幾何時它在鄉裡生活占一個顯赫位置，如今被四周的混搭式樣的民宅、鐵路、車站、高樓大廈團團圍圍得有點兒孤獨落寞，但總算得體地作為一個歡迎各方遊人的地標。沿路進去經過的社壇、上璋圍村、楊侯古廟和廟前草地外的一口古井，都得在行走中用想像把這些景物與老友年少時期於此嬉戲穿插的情狀補充連接，自行加減出一眾都市人對鄉居生活的認知理解。對此William應該會是忍俊不住的，可他卻是連年大方好客地廣邀友好，讓大家在新年一始好好體驗感受真材實料樸拙無華的農家口味，將家宴辦成一場文化饗宴，名聞八方有口皆碑，也真是這位老友的年度心血傑作。來到這幢於二〇〇一年被列為香港法定古蹟的三進兩院的鄧氏宗祠，女工正在張羅鋪設今晚盆菜宴的桌椅。有這樣一個傳統建築空間讓鄧氏族人進行祭祖、節慶儀式和聚會，說來也是祖先積德後輩托福，我等朋輩就是純粹的有口福。

## 11：48am

一身運動員打扮，William騎著自行車來到宗祠面前和我們打招呼並引路前行，經過文物徑上兩個重點景觀：覲廷書室和清暑軒，把我們帶到村口一家為今晚饗宴提供道地傳統美食的店家。

打著「屏山傳統盆菜」的招牌，主持人聯哥是祖傳三代的烹調盆菜高手。盆菜，是幾百年來聚居新界的各鄉村民在家族重要事件諸如嫁娶、添丁、滿月以至打醮、春秋二祭時主人家動員人力親手設席宴請鄉菜的食俗，鄉人的叫法是「打盆」。相傳盆菜源起於南宋時期，文天祥與麾下士兵被元兵追殺過零丁洋至新安縣灘頭，部隊落難，有米糧無配菜，由當地漁民拿出平日食材如門鱔、乾魷魚、枝竹、白蘿蔔與豬肉等等，放入一個木盆中送予士兵，一盆共冶流傳至今。

近年盆菜已經儼如香港這個國際都市的鄉土飲食代表，市面坊間上至高級食肆下至連鎖快餐店，逢年過節都會推出盆菜應景攬客。唯是一離開鄉土氛圍，換了高檔食材的顯得忸怩造作，添湊了異國風情的又實在牽強可笑，所以嘴刁嘴饞如我絕對不在元朗鄉間範圍以外吃盆菜，怎麼樣也要等到一年一度這個好日子，熱熱鬧鬧，高高興興，一嚐再嚐聯哥與一眾助手盡心盡力傳承的傳統真滋味。一層一層地把堆疊盆中的白蘿蔔、豬皮、土魷、枝竹、紅燒豬肉、炆冬菇、炸門鱔、手打魚球通通吃個夠，還有 William 今年與聯哥商量之後特別配搭演出的黃酒雞、了酸豬手、燉陳皮鴨湯……趕快來看，師傅正要把兩大盆每盆十一隻的肥雞放進蒸爐，油黃的肥雞上鋪滿了薑茸、冰糖，澆進了自家釀製的黃酒。

12：50pm
正值午飯時候，婉拒了聯哥聯嫂的好意，沒有和店裡一眾員工用餐，其實熱騰騰端出的臘味飯很是吸引，但答應了 William 相約在屏山附近洪水橋輕鐵站旁的「大發茶餐廳」，一嚐去年拿到第一屆「金茶王大賽」金獎的賴師傅濃郁香滑的絲襪奶茶，還有最平民道地的加入了苦瓜片和高麗菜絲現炒的足料炒飯，一盤酸甜的洋蔥蜜汁脆鱔也是下飯下酒的絕配。店內已夠寬敞，但依舊人山人海，附近的街坊加上刻意到訪的顧客濟濟一堂美食至上。

老闆彭先生，茶餐廳站崗的少東主阿威，茶王明哥，一一十分客氣地過來邊打招呼邊謙虛地聽意見。其實這些街坊食肆能夠上下一心敬業樂業，照顧鄰里嘴饞一眾的日常需要，我們這些路過的食客真是由衷感激心存敬意。

1：45pm
手機響起，廈門老友 D 已經到了村口正等著。回港探親的他真有口福，一定要請來吃這一頓飯。說來這些鄉間食俗在全國各地農村都有，只是在超速發展的今時今日，天翻地覆後土地變了食材變了口味變了人際關係變了經濟結構變了，那些老好氛圍和原來滋味不再一樣。外人遊客一廂情願的農家菜究竟經過了多少商業包裝摻了多少水分，沒有反覆比較的品嚐機會是無從得知的。所以更要珍惜這些有心人堅持傳承的接近本源的家宴。當私房菜口味有幸變成集體回憶，與會一眾都會在飽醉之後慨嘆不枉此行。

2：18pm
老友 D 是在廣州長大的，也是我所認識的正宗廣州人中說起話來最沒有廣州腔的，我們都笑說他大概自小聽太多香港流行曲看太多香港電影。近年來因為工作因為音樂大江南北走了好些地方，現時定居廈門，一個「傳說」中閒散的慢活城市。每回碰上 D，他都會第一時間告知廈門市內哪裡的老舊地段又拆了又改了，一切都在急遽發展變化中。所以跟他從坑尾村口的一般民宅走到別有一番風景的鄧氏宗祠，震撼得嘩聲連連。

屏山鄧族宗祠由五世祖馮遜公興建，至今已有七百多年歷史，這三進兩院式的中國傳統建築，正門前兩旁是鼓台，各有兩柱支撐瓦頂，內柱為麻石，外柱則為紅砂岩，大門對聯上書「南陽承世澤，東漢啟勳名」。由於鄧氏族人中曾有人身居朝廷要職，宗祠正門不用有門坎，從紅砂岩過道內進，大廳上的梁架滿布精美雕刻，有動植物和吉祥圖案，仰望屋脊可以看到石灣造的鰲魚和麒麟裝飾。後進是供奉鄧族先祖神位的祖龕，兩側高掛著「孝」和「悌」兩個大字，宣揚對長輩要盡孝，對平輩要相親相愛的美德操守。


3：20pm

騎著自行車的 William 又回來了，把我們引領進就在宗祠旁邊的祖屋裡：這幢典型的南方村落民宅建築已有三百多年歷史，由他曾祖父、祖父、父親一直傳下來，保留得大致完整且一直在居住使用，在此區以至全港都算僅有。我們一眾友人常在這被保護的文物古蹟當中，在這鋪滿淡青地磚的空間，在這些隨手撿來的山石、拙樸的陶瓶土罐、友人相贈的字畫和民間的刺繡掛帳下和 William 喝茶聊天，聽他訴說這裡的鄉風習俗，聊起屋簷下山野間河溪旁的他的童年往事，叫我們這些在城裡市區長大的孩子好生羨慕。我們也絕對明白正是這些鄉間生活的養分成就了 William 作為一位時裝設計師和旅遊生活作家。當年他把鄉村婦女的工作服，把二三〇年代長衫重新演繹，又把素人書法家「九龍皇帝」曾灶財的塗鴉巧妙混入設計，甚至以黑社會混混的服飾風格為主題肆意發揮，他的敏銳觸覺、獨特見地、率性態度，在香港本地的爭議驚訝中贏得國際掌聲。一方水土養一方人，這個盡領風騷的鄉下壞孩子一直都是香港創作界的好榜樣。


4：50pm

早上剛進祠堂時，女工們還在鋪設安排晚宴使用的桌椅，現在一切早已準備就緒。總廚聯哥也把在店鋪廚房烹煮好的菜餚逐一移到宗祠裡附設的灶間，準備當場現煮屏山特色雞鴨飯，把已經先後各自煮妥的自發土魷、五香豬皮、南乳枝竹、白蘿蔔、手打鯪魚丸層層疊疊擺放進盆中。雞汁燴花菇噴香撲鼻，紅燒豬肉當場炆煮，黃酒雞也蒸好揭鍋登場熱騰騰，師傅們手起刀落正在忙碌擺盆，越來

越多的賓客陸續走進宗祠，都迫不及待地先到廚房聞香，嗅一下，色香味誘實在難熬。

5：40pm
都來了都來了，旅遊發展局的公關同事帶著一大群國外的媒體朋友到來，嶺南鄉間的賀年賀壽風俗全方位展現，機會難得。鄧族家人特別從海外歸來拜年拜壽，八方嘴饞好友早已把這一年一度的年初三屏山盆菜宴視作回家與親朋戚友團聚的好日子。以美食為導引，比平日那些正經八百的什麼文化研討論壇實在精彩得多。老中青新朋舊友，寫字的畫畫的跳舞的唱歌的從政的傳道的掌廚的都一一出現，噓寒問暖握手擁抱，笑鬧聲傳遍整個宗祠。

6：40pm
這邊廂趁宴席開始前還正在跟闊別一段時日的嘴饞前輩請教烹製五香茶葉蛋的獨門祕技，那邊廂在宗祠門外大鑼大鼓地迎來兩隻生猛靈活的舞麒麟。平日在大時大節和開幕慶典中，舞龍舞獅看得多，但舞麒麟倒真的是印象中的第一次。兩個年輕武師威風登場。一人托舉揮舞著精工扎作彩繪奪目的麒麟頭，一人躬身持舉著彩緞麒麟身，在喧天鑼鼓聲中來回彈跳起動，活潑可愛。遵從風俗慣例，領著麒麟的另一位師傅把這靈歌引到祠內每個角落，多番來回團轉熬是搞怪有趣。麒麟所到之處那幾圍的賓客都站起來拍掌歡呼喝彩，融入傳統風俗本就是日常生活裡自然不過的快樂事。

7：15pm
千呼萬喚，早已團團圍坐的一眾開始嘩聲連連。先出場的是從早到晚燉了整整十小時的陳皮鴨湯，湯色清澄味道鮮美，作為提味的陳皮幽香四溢，鴨肉也異常滑嫩，入口速融。再來是雞汁燴花菇、炸鮮門鱔和了酸豬手，花菇炆得軟嫩入味，門鱔炸得外酥肉嫩，豬手滑糯適中。正在讚不絕口之際，主角盆菜終於出場，大夥就真正起閧了。次序講究堆疊如小山的整整一大盆，鋪在最上面的有炆得松化的本地豬肉，彈牙的手打鯪魚丸，脆滑的土魷，南乳陣陣濃香的豬皮和枝竹，水烚的白蘿蔔在盆的最下面，飽吸肉汁醬味，精彩到不行。同台老饕風聞此間那獨門的雞鴨飯已經在廚房外被分得七七八八，馬上持碗離台加入戰團，這也正是稱作「神仙雞」的黃酒炆雞上桌之時。等他們持飯回來，一大盆蒸雞已經被消滅了一半。

色香味全、幸福美好、傳統滿載的一頓飯，喧嘩熱鬧興奮進行中⋯⋯

屏山傳統盆菜：

燉陳皮鴨湯
屏山黃酒雞
手打梅花鯪魚丸
炸鮮門鱔魚
雞汁燴花菇
了酸豬手
炆本地鮮豬肉
自發土魷
五香豬皮
南乳枝竹
白蘿蔔
屏山獨有雞鴨飯

# 勞動與嘴饞最光榮

對於我們這些自小生長在南方，
而且習慣處身於一個鋼筋水泥森林的人，
北方的農家院子還是有它的吸引力。
老張家的這個房舍和院子，
基本上保持原來的樸素格局，簡單乾淨，
目的就是讓小女兒在假日課餘有個貼近郊野土地的機會。

而我們這些「小朋友」也難得有脫離城市繁喧紛擾的機會，
所以一進門也就十分自在地跑來跑去——
如果不是已經開始有點肚餓的話，
也很難把大家召集起來幫忙張羅
這即將出現的一桌美味。

不勞而獲是可恥的——每個小朋友都該被師長這樣訓導過。

但在每個小朋友慢慢長大之際，正如你我都曾經歷過的那一段不怎麼需要負責任的日子裡，總有那麼一些人會寵你愛你，例如完全不必動手就有燒烤得香噴噴的雞翅膀遞到你面前，理所當然地沒有一點罪惡感，謝謝，然後一邊啃著骨頭一邊傻笑。

這樣的美好時光現在偶然還會重現，叫我這等懶人十分享受十分嚮往。說實話，我還是不太會煽風點火，也沒有太大的耐性坐在旁邊輕搧慢攏，所以一聽說大家要燒烤，我就第一個跳出來，自告奮勇地扮演那個設計菜譜然後買菜買肉的角色，做自己能力所及的事。

跟老張是在義大利拍攝旅遊日誌時認識的，一見如故，早晚分享著過往各自在路上的經歷。經常與太太和小女兒一起上路的他，家住北京，在京郊宋莊還有一個度假的農家院子。所以，那天晚上在羅馬一家頗有格調的餐廳裡喝著紅酒吃著生火腿和乳酪，我就跟老張說，下回到北京的時候要到他的院子裡去玩，老張爽快答應，來來來，來我家燒烤。

事隔不到兩個星期，我就像回家一樣和一大幫人高高興興地在老張的院子裡出現了。我們還起個大早，跑到超市和農貿批發市場捧來一大堆食材。我這個不問結果卻視過程為最大享受的傢伙，在超市裡還比對過進口的瓶裝黑胡椒和自家國貨的價格分別，當然是國貨勝出。然後，在批發市場的水果攤和蔬菜攤前簡直是瘋了，柿子、棗子、梨子、石榴、小黃瓜、洋蔥、蘑菇、茄子、大蔥、辣椒、香菜等等便宜的先買了一大堆，路上就開始盤算起如何把這些新鮮顏色配搭出自家美味。

對於我們這些自小生長在南方，而且習慣於置身鋼筋水泥森林中的人，北方的農家院子還是有它的吸引力。老張家的這個房舍和院子，基本上保持原始的樸素格局，簡單乾淨，目的就是讓小女兒在假日課餘有個親近郊野土地的機會，而我們這些「小朋友」也難得有脫離城市繁喧紛擾的機會，所以一進門也就十分自在地跑來跑去——如果不是已經開始有點肚餓的話，也很難把大家召集起來幫忙張羅這即將出現的一桌美味。

明知山有虎，偏向虎山行——都說燒烤會上火會「熱氣」，所以，我這個主持大局的也要刻意地做好這個平衡的動作：買來的大量蔬果，洗淨切好生吃的有，做成沾醬拌好的有，快火烤好趁熱吃的也有，保證讓這些鮮嫩爽甜多汁的蔬果能夠在最好的狀態下保持應有的維生素和纖維，與那些分量不多，精挑細選的牛扒、雞腿雞翅和羊肉串巧妙配搭，讓大家不至於一面倒地成為食肉獸。而為了讓大家對燒烤這個必須人人動手的過程不生厭倦，我就肆意發揮那些從這裡那裡偷來的嘴饞小聰明——烤南瓜時，揉破綠葡萄擠進一些果汁和果肉以添清香；烤雞翅時，撒上一些芝麻更見惹味；雞腿烤好後，撒上辣椒粉，配上小塊的黑巧克力變身為南美情調；做柿子沾醬時，把富有嚼勁的柿子切成小丁來豐富口感；而投放了石榴子的普通優格，口感則馬上提升了好幾個層次。

燒烤無疑是一場色香味俱全的集體勞動，邊做邊吃，邊吃邊做，滿桌既簡單又好吃的美味就這樣被旋風般地一掃而光。老張開玩笑說，該密謀找個投資人來開一家如此這般的燒烤店，我說不不要把我嚇跑，眾所周知，輕鬆貪玩地為自家朋友服務最愉快，這樣的勞動最光榮。

### 柿子沾醬（6人份）

材料：
熟透柿子　5個
柿乾　2個

- 將柿子剖開，以勺子挖出軟滑果肉。
- 將柿乾用溫水洗淨，拭乾，切成小丁。
- 將柿乾丁拌進柿肉成沾醬，配牛排最好。

### 石榴子優格沾醬

材料：
石榴　1顆
優格　1盒
肉桂粉　適量

- 先將石榴剖開，剝取石榴子。
- 優格放碗裡，隨手放進石榴子，略拌。
- 撒上少許肉桂粉，更添中東風味。

### 烤羊肉串配紅洋蔥小黃瓜（6人份）

材料：
羊肉串　18串
小黃瓜　3條
紅洋蔥　2個
孜然粉　適量
辣椒粉　適量

- 先將小黃瓜洗淨切片，紅洋蔥去皮洗淨切片，備用。
- 羊肉串邊烤邊撒上適量孜然粉及辣椒粉。
- 羊肉串烤熟時與小黃瓜與紅洋蔥置盤中上桌共食。

### 烤茄子

材料：
茄子　2條
橄欖油　適量
海鹽　適量
黑胡椒　適量

- 茄子切片，邊烤時邊塗橄欖油。
- 烤好前撒進現磨的海鹽和黑胡椒調味（同樣用於烤大蔥、南瓜等等蔬菜）。

### 辣味巧克力雞槌（6人份）

材料：
雞腿　12隻
海鹽　適量
黑胡椒　適量
辣椒粉　適量
黑巧克力　1小塊

- 雞腿洗淨拭乾，用海鹽和現磨黑胡椒調味。
- 燒烤至金黃焦香，撒上適量辣椒粉提味。
- 裝入盤中時將壓碎的黑巧克力置於雞腿上，片刻即融，平添南美風情。

### 百里香烤牛排

材料：
厚切牛排　2塊
海鹽　適量
黑胡椒　適量
百里香草葉　1束

- 先將牛排用冷水沖洗去血水，拭乾。
- 以現磨海鹽及黑胡椒調味醃約半小時。
- 烤時將百里香草葉束放在牛排下，留意不搶火過分焦。
- 烤好前可再撒上海鹽及黑胡椒提味。

### 烤什菌

材料：
鮮冬菇、雞腿菇、金針菇、
滑菇以及各種菇類　各250克
海鹽　適量
黑胡椒　適量
橄欖油　少許

- 將各種菇類切走蒂部，掃清泥土。
- 烤時輕塗上適量橄欖油。
- 烤好前撒上適量的現磨海鹽及黑胡椒調味。

### 枸杞蜜棗梨湯

材料：
梨子　5顆
蜜棗　12粒
枸杞　200克
紅糖　適量

- 梨子洗淨去皮切大塊，置鍋中加水猛火燒開。
- 蜜棗洗淨置鍋中共煮。
- 轉小火後加入洗淨之枸杞，並以紅糖調味，清潤溫潤降火。

# 治療系午餐

接近中午休息時間，各路嘴饞好友陸續到齊，
當中有克里斯當年認識的台灣好友們，
也有一對法中伴侶，大家偷來這個空，
分享這口腹和精神的愉悅。

清甜、鮮嫩、濃香、豐腴、甘美，
這些日常口頭嘴饞用語都不足以完整形容
當下最真切的味蕾體驗。

歡天喜地地約好要到克里斯朵夫先生家吃飯，打算從他這裡偷師兩三道比利時和法
國菜，可是到達北京的那一天，我就吃壞了，嗓子沒了，病了。

對於一個嘴饞的傢伙來說，病從口入當然是個警告，也是個宿命。沒有想到旅館旁
邊那家新派雲南菜有這麼熱門，貪新鮮加上貪方便，一連兩頓獨自吃加上大伙邊開
會邊吃，就吃出個狀況來。

但地球還是要繼續轉的，啞著嗓子跟克里斯朵夫先生再確定地址和時間，希望他不
覺有異。他說其他客人都已經約好了，大家在平常上班日子也都興致勃勃地逃出來
放肆一下，尤其是克里斯發的帖。身邊一眾熟悉的甚至不太熟悉的貪吃鬼都無法抗
拒，聞風而至。

間接認識克里斯已經好幾年，他是我台灣老友的老友，比利時人，在台灣讀中文，
輾轉來大陸工作發展，經營自己與汽車訊息相關的專業顧問公司。對於他的專業，
我這個門外漢就只有坐在一旁聽的分，只是一直張開口呵呵反應，原來市場已經翻
騰成這樣那樣，但說到克里斯的業餘興趣，卻發覺他實在比專業更專業。幾年前
到他在北京的第一個家，已經指著牆上掛著的他的攝影作品猛說佩服佩服。聽說他
更厲害的是一手自學而成絕對足夠行走江湖的廚藝。上一回合錯過了，一等竟然是

兩三年，難得如此機會，能夠在他更寬敞明亮而且有陽台景觀的家中來一頓輕快午餐，又豈可讓小病騷擾！

始終相信嘴饞同道有緣，誇張起來有如信仰自成教派，而最神奇的是無論當下瑣事有多繁雜，心情有多鬱悶，一想到吃一談到吃就如雲破天開，精神爽利。約好克里斯要先就在他家附近他平日買菜的三源里菜市場走一轉，只見他連跑帶跳地走進市場，一路跟攤販點頭問好，也太清楚自己該到哪裡去買新鮮碩大的扇貝、哪裡去買剛剛上架的蘋果、哪裡去買來自東南亞的椰奶。每個愛吃愛下廚的人在菜市場裡都會如魚得水，加上克里斯一口流利中文，與攤販溝通暢快無阻，轉眼已經把今天馬上要用上的食材妥當買好滿載而歸。跟他這樣像巡視業務地兜了一轉，我實在比他這個老外更像外地人，這也叫我再一次認定菜市場是一個絕佳的文化交流場所創意靈感基地，不管你的膚色眼珠是什麼顏色，說的是哪一種語言，只要你對食材好奇對吃喝有追求，菜市場當中眾多的物種和人事，從顏色形狀到氣味和聲音都會碰撞刺激出對美味的思念回憶和冀盼想象，讓投身其中者馬上有靈感有啟發，一心要在廚房裡有所表現發揮，贏得一眾掌聲。即使是謙遜而且溫柔如面前這位比利時先生，其實說到自家的拿手菜，還是信心滿滿地自豪自傲，不必客氣。

經常要到不同的中國城市出差（順便玩耍）的克里斯，肯定也吃遍不少地方特色菜餚，可是今天要做的卻是純粹的歐陸風味，足以拿個沉甸甸的歐盟勳章：從西班牙特色的西紅柿（番茄）凍湯，有南法味道的煎扇貝配蘋果奶油醬，到有家鄉性格的比利時 Leffe 啤酒燉牛肉，再以現烤軟心巧克力蛋糕為甜點做結，一路配上輕重得宜的葡萄酒，俐落明快的一頓愜意午餐，在他的鋪排下無難度地展現。

作為一手策動這頓午餐的搞事人，我這趟可真是深深體會小病是福的好處。平日在人家地盤本也會忽然技癢忍不住打打下手做幫工，但這回就奉男主人的命，乖乖地在偌大的客廳裡沙發裡閉目養神，直到半開放式廚房裡飄出誘人香氣，杯盤開始乒乒作響，我這躲懶的傢伙迫不及待起來往廚房裡探頭窺望。面積不大的廚房井然有序，一派專業架勢。毫不懷疑這位老兄有天心血來潮會弄出一家十分像樣的歐陸小餐館，但私心作祟倒希望只由一眾友人來「分享」這位主廚就更好。

接近中午休息時間，各路嘴饞好友陸續到齊，當中有克里斯當年認識的台灣好友們，也有一對法中伴侶，大家偷來這個空，分享這口腹和精神的愉悅。清甜、鮮嫩、濃香、豐膩、甘美，這些日常口頭嘴饞用語都不足以完整形容當下最真切的味蕾體驗。一般來說小病對能夠專心細緻地品嚐真味有點兒妨礙，但對我來說也正需要這樣的色香味治療──視覺系、嗅覺系、觸覺系、聲音系，都因某些暫時性的阻礙而有更大的渴求需要，在這個人人自療互療的治療系時代，治療系午餐自然不過，過癮非常。

## 西紅柿（番茄）凍湯

材料：
西紅柿（番茄）　6顆
紅椒　2個
黃瓜　2個
洋蔥　1個
蒜頭　1/2瓣
白麵包　2片
鹽、黑胡椒　少許
橄欖油　少許
醋　少許
羅勒葉　少許

- 先將西紅柿在沸水裡煮30秒，去掉表皮。其餘蔬菜分別切細，放在攪拌器內打成茸，加進橄欖油，然後放進冰箱，冷凍約半天。

- 取2片白麵包，去皮，把麵包撕成細片。浸滿紅酒醋，然後放進冷凍好的冰蔬菜茸裡，以攪拌棒在湯中打做成茸。以鹽、現磨黑胡椒及酒醋調味。

- 攪拌得幼滑的凍湯還得以濾碗過濾，才能得到綿滑的口感。裝碗時加入撕細的羅勒葉及幾滴橄欖油即成。

## 煎扇貝配蘋果奶油醬

材料：
扇貝　2打
擺飾用蘋果　5顆
醬汁用蘋果　3顆
蘋果香檳　3/4支
大蔥　1條
蒜頭　5瓣
橄欖油　適量
鹽、黑胡椒　少許
西洋香菜　適量
奶油　約50克

- 先準備作擺飾吃的烤蘋果，把烤箱預熱。將蘋果削皮去核，切成細片。

- 平底鍋先以冰過的奶油沾勻，把蘋果鋪在鍋中，然後放上幾片厚奶油，推進烤箱中，以150℃的溫度烤約半小時後，把蘋果肉翻一翻，繼續多烤半小時。

- 把扇貝從殼中挖出，以清水沖洗一下。將扇貝裙邊的貝肉切除留作醬汁用。

- 開始做醬汁。把1隻扇貝肉剁碎。其他貝邊肉也剁碎。大蔥切成粒狀。2顆蒜頭切碎。橄欖油起鍋，把蒜茸、蔥段及扇貝茸炒香，然後倒進小半瓶蘋果香檳，以鹽和黑胡椒及西洋香菜調味，轉小火慢慢熱煮，少了一半時，再逐加一些香檳，直至煮到濃味。

- 完成後把醬汁過濾出渣，以攪拌器把渣滓搗成茸，與醬汁一起拌勻備用。裝盤前再把醬汁加熱，加少許奶油，煮沸便完成。

- 扇貝以熱油煎約2分鐘，加少許海鹽調味即成。

## 比利時啤酒燉牛肉

材料：
牛肉　600克
洋蔥　4顆
甘筍　4個
月桂葉　3片
百里香　1束
比利時啤酒(Leffe dark beer) 1支
醋　少許
奶油　2片
黃糖　少許
芥末　少許
法式長麵包　1條

- 牛肉塊先以鹽、黑胡椒粉稍醃，沾點太白粉，然後在熱好的鍋中加2片奶油，融化後放進牛肉塊煎至面面焦香。

- 再以奶油起鍋，將洋蔥絲炒至焦軟。然後再炒熟甘筍。

- 以上3種材料放在鍋子裡，倒進啤酒、月桂葉、百里香、鹽和黑胡椒，以大火煮沸後，改以小火煮約2小時，邊煮邊攪拌以防黏底，直至牛肉塊變軟。

- 將芥末塗在麵包片上，然後加進鍋裡一起再煮半小時便完成。

## 巧克力軟心蛋糕

材料：
比利時黑巧克力　200克
牛奶　1杯
砂糖　4匙
雞蛋　4顆

- 將巧克力煮融後，與牛奶拌勻。

- 蛋白與蛋黃分開，蛋黃與砂糖搗勻，加入巧克力漿。

- 把蛋白打成泡沫，倒進混好的巧克力漿。

- 倒進塗了奶油的蛋糕盤內，放進預熱的烤箱裡焗約15分鐘即成。

# 長安不靠譜

這回近距離接觸一位音樂家，
發現他竟也是如此投入如此靈活如此快樂地
在那裡切剁攪拌煎炒烤燉。
問王教授究竟這是「靠譜」還是「不靠譜」，
他馬上一臉正經，
幾秒鐘又大笑嚷道
他自學練就的大菜小菜足足有兩三百種，
要出版食譜絕無難度，
但要這麼大規模大動作的又拍又寫就不好玩了。
做人嘛，最重要還是開心，好玩，做東西好吃——
你說這是靠譜還是不靠譜？

來了西安三趟，每趟安頓好出門，吃到的第一樣東西竟都是羊肉泡饃，用廣東話來說，這像是「整定」的與西安的緣。

二十三年前，大學的最後一年，因為要完成一篇關於中國連環畫的畢業論文，就找藉口直奔北京中央美院的年畫連環畫系去找楊先讓教授和賀友直老師。以我當年很不靈光的普通話大膽而糊塗地訪問了很多與連環畫有關的作者與學生，捧了一堆珍貴材料，準備回家乖乖作文。在同行兩個同學的慫恿下：既然第一次來到首都，不如趁還有幾天空檔再下一城，轉戰另一個古都，所以，我們一行三人就乘夜車從北京來到西安，也忘了是誰安排得這麼周到，還預先訂好了西安的鐘樓飯店。

車到西安已經過了午夜，火車站前早已黑燈瞎火，小貓三兩，一個踩著由三輪車改裝成運貨（也運人）的板車的大爺過來問我們要上哪兒，我們人生路不熟，對西安長什麼樣子全無概念，就乖乖問了價錢上了車，讓大爺把我們帶到鐘樓飯店。當年的鐘樓飯店也算是城裡的高級飯店吧，但過了半夜竟然閉門上鎖。我們一男二女三人把行李放在露天的院子裡，我走到深鎖的大門前又拍玻璃又按門鈴地喊了半天，才有一個睡眼惺忪疑似門衛的小子光著上身前來，透過門縫對我們解釋說，這幾天有國家領導人入住飯店，午夜過後就不准閒人等進入。我說我們可是訂了房的呀，他說他不知道，反正要等到明天請早，今晚就得在院子裡歇著。

我們乖，沒有力氣也沒有生氣，就在那還不算太冷的初秋露天夜裡抱著行李度過了生平在西安的第一夜。一夜睡睡醒醒的，我還有責任「保護」身邊的兩位女同學。然而黎明時分我的肚子就餓了，竟然一直在想那只是在旅遊指南裡看到卻素未謀面的西安名小吃羊肉泡饃。結果等到天亮，抖落一身塵土，進飯店房間清洗安頓好之後，出來轉到街角，但見熱熱鬧鬧的一大群人圍著一個小攤，捧著熱騰騰的大碗蹲坐在小凳上吃喝著，趨前一看，果然就是羊肉泡饃。於是也顧不上這家是哪家以及正宗道地或好吃與否，反正就吃到了一碗湯頭黏黏稠稠的糊狀物，羊肉就那麼一點點，饃也不算太熱，用手一點一點的掰開，放進湯裡浸泡。二十三年前那個與羊肉泡饃初邂逅之晨，以新鮮好奇為主，沒有也不懂挑剔。現在想來，那一碗羊肉泡饃其實並不好吃。

一別十多年，八年前與父親一起應電視台之邀去拍一集父子兩代創作人走絲路的文化專輯，回程時路過西安逗留一兩天。也許旅途太長太累，父子倆的能量都耗得差不多了，乃第一時間走進以賣羊肉泡饃起家號稱「天下第一碗」的百年老店「同盛祥」飯莊的快餐小賣部店堂，匆匆地點了兩碗羊肉泡饃。按道理說，這該是湯正料足的正宗美食，但兩人吃著吃著竟無言以對，就差一點沒睡著。這大抵也跟這碗羊肉泡饃沒關係，而是因為兩名吃客的狀態不佳，辜負了這古都名吃的一番心意。

再來就是二○○九年初夏這一回，因為創意市集活動，有機會和一眾年輕的設計師和學生們交流創作心得。我多留了一個心，一再拜託友人安排，看看是否有機會認識到一些跟我一樣嘴饞愛吃的西安老饕，好在他們的指點引領下真正進入這個博大精深但又庶民日常的西安美味世界。友人說這好辦，這裡就有一位音樂學院的王旦教授，著名小提琴演奏家，西安土生土長但又在國外生活二十多年，吃遍東南西北而且一手私房好菜也是出了名的，偶爾還會騎著心愛的 Harley Davidson 在大街上跑一圈。我於是興奮而冒昧地打了一通電話，電話那一端聲音開朗響亮，直覺就是一位談到吃喝就 natural high 的模範。自報家門之後，直奔我這趟來西安的覓食主題，且大膽提出了能否到教授家裡拜師學藝的要求。王教授嘻嘻哈哈地笑著說「你這可是找對人了」，因為他就最愛在家裡弄點吃的請朋友過來邊吃邊聊。他更關切地問起我到達當晚住處附近還有沒有吃的，我說真湊巧被安排到二十三年前住過（當然也重修改裝過）的鐘樓飯店，他想了想說，那就該往回民街那頭先逛逛，感受一下。於是，我就刻意避開了航班上那實在不像話的餐飲，空著肚等待那接近宵夜時分的晚餐──鬼使神差地走進了一家煙霧瀰漫熱鬧無比的食店，同行的朋友爭先點了幾樣東西，名字我也聽不太清楚，果然先上來的就是羊肉泡饃，而且是「乾泡」好的版本。肉爛，味濃，湯鮮，醇香，肥而不膩……不禁暗暗自喜，我已經一腳邁入古都開放多樣的飲食文化大門的門坎上了。

雖然在西安的幾天下著連綿大雨小雨，但覓食的興致卻沒有減卻，一方面和王教授討論該到哪個菜市場買什麼食材回家做什麼菜，另一方面又開小差，期盼著如果天氣放晴可以先到教授在郊外的院子裡去燒烤。一提起自家烤的牛排和燒羊肉串，教授可是兩眼發亮信心滿滿地不慚自誇。除了正當「工作」，我更把所有的縫隙時間和胃納配額都填得滿滿，從「樊記」的臘汁肉夾饃、「春發生」的葫蘆頭（豬大腸）泡饃、「老童家」的臘羊肉、「賈三」的灌湯包子、街頭的辣子疙瘩、麻醬涼皮、油潑麵烤，到煎得焦脆噴香的黃桂柿子餅，綿軟黏甜的甑糕，味濃醇厚的桂花醪糟……越吃越認識這些街頭小吃滋味，就越是怪罪自己來得太晚太少。這樣一個龐大複雜的飲食系統，可真需要一段長期間的累積才能比較。我因此也明白了王教授出國這些年來一定十分懷念西安的地方菜餚小吃，去年一回國，他肯定急切地去吃他的美好童年回憶，所以重了好些公斤。

留日二十多年，出身音樂世家的王教授專注的首先當然是他的音樂專業，但他也絕不吝嗇與大家分享他在日本飲食文化浸淫中所累積的修養。以他在烹調煮食上的精湛造詣，以他的個頭與長相，以他在日本飲食文化中累積的功力，走出來絕對是一個有型有格的日本料理大廚。但這回在家裡，卻是不折不扣地以拿手的中式家庭小菜饗客。而本來計畫的五、六道菜也變成了八、九道甚至十多道，一氣呵成絕無冷場，看得我目瞪口呆，連筆記本也差點掉到洗碗盆裡。

平日，身邊的畫家、攝影師、建築師和設計師老友在廚房裡餐桌上認真地玩鬧起來，表現並不遜於一個專業大廚。這回近距離接觸一位音樂家，發現他竟也是如此投入如此靈活如此快樂地在那裡切剁攪拌煎炒烤燉。問王教授究竟這是「靠譜」還是「不靠譜」，他馬上一臉正經，幾秒鐘又大笑嚷道他自學練就的大菜小菜足足有兩三百種，要出版食譜絕無難度，但要這麼大規模大動作地又拍又寫就不好玩了。做人嘛，最重要還是開心，好玩，做東西好吃──你說這是靠譜還是不靠譜？

話雖如此，事事認真周到的教授還是提前一天就先將食材都先行挑好買妥了。據說還試做了一道很久沒燒過的菜來一暖身手。當日我們冒著大雨再去添買一些食材，因為我在班門前不好意思弄斧，只敢以一道廣東家鄉的番薯薑糖水來做甜品。外頭的雨下得真大，兵荒馬亂的，但一回到家，只見教授不慌不忙地披著一條小汗巾，不到兩個小時，在我們面前的餐桌上已擺上大盤小盤十二樣：冷菜有燴蓮藕、麻汁黃瓜、涼拌芹菜、滾刀萵苣、小紅蘿蔔絲；熱菜有糖排、軟炸里脊、燒腐竹（豆皮）、炒馬鈴薯絲、肉末茄子、孜然炒牛肉、肉丸湯，而且先後有序，涼的做好先放著，待熱的經快炸快炒後一並出場。刀工手勢之厲害，味道拿捏之精準，叫人由衷折服。讚美的話教授大抵聽得多了，就更能不驕不躁地以一種平常心去處理這種人人都該懂都該做的家常吃喝。

我很幸運，能認識到像王教授這樣懂得生活一見如故的朋友，我也貪心，吃好喝好之餘又期待著可以看到教授禮服筆挺地在音樂廳舞台上獨奏小提琴，更渴望可以一睹教授一身黑色皮衣皮褲騎著Harley Davidson在無人荒野公路上風馳電掣──靠譜不靠譜？心中自有譜。長安西安，古遠亦親近。

## 熗蓮藕

- 水燒開，蓮藕洗淨削皮切片。
  放進滾水略燙即撈起，鋪於盤中。
- 薑切絲，乾辣椒切碎撒在蓮藕上。
- 糖、鹽、醋及少許味粉調成汁澆上。
- 少許食用油燒熱，澆上即成。

## 麻汁黃瓜

- 小黃瓜洗淨拍成小段。
- 麻醬加少許糖、鹽、醋拌成醬汁，
  澆黃瓜上即成。

## 涼拌芹菜

- 芹菜洗淨切段，豆乾切絲。
- 鍋中兜炒時加糖，加入生抽
  醬油和料酒調味便可。

## 小紅蘿蔔絲

- 小紅蘿蔔切細絲，蔥白切細絲。
- 以少許糖鹽拌勻即成。

## 軟炸里脊

- 先將里肌肉帶筋部分的切掉，肉切
  薄片。
- 以白胡椒粉、醬油、鹽醃約半小時。
- 生雞蛋拌打成蛋汁與里肌肉拌勻，
  沾上麵包屑入滾油中炸至金黃。

## 糖排

- 以少許紹興加飯酒和生抽醬油
  把排骨先醃半小時。
- 起油鍋以大火先炸透，再轉中
  火燜煮，加糖鹽調味便可。

## 燒腐竹（豆皮）

- 先將腐竹切小段用水泡軟。
- 拭乾水分下油鍋兜炒，以美極醬油
  調味即成。

## 炒馬鈴薯絲

- 馬鈴薯洗淨削皮切絲、綠辣椒洗淨去
  籽切絲。
- 以花椒油起鍋，放進馬鈴薯絲辣椒
  絲，馬上加入鎮江醋（馬鈴薯絲才不會
  變軟）。
- 兜炒片刻加少許鹽及醋調味便可。

## 肉末茄子

- 茄子削皮切段。
- 起油鍋以中慢火泡炸至軟身，
  撈起拭油。
- 另鍋兜炒肉末，放進茄子煮
  透，以醬油及少許辣椒絲調味即
  成。

## 孜然炒牛肉

- 牛肉切片，加鹽、辣椒粉、孜然
  粉、太白粉及少許花生油拌勻。
- 起油鍋快炒，牛肉剛熟便可。

## 肉丸湯

- 豬肉剁碎，加薑茸和少許鹽捏
  揉入味。
- 以高麗菜及竹筍熬湯，以鹽調
  味，湯好後捏進肉丸即成。

## 番薯薑糖水

- 薑洗淨去皮切片，熬湯。
- 番薯（紅薯）削皮切塊放入共
  煮。
- 番薯軟透後加紅糖（原糖）調
  味即可。

# 外賣時光

外賣，
也就是把大家最需要的最好的最實在的，
在最短時間最快送上，
然後悉聽尊便慢慢享用。

外賣的可以是一首歌一幅畫一則短文一些想法，
當然更可以是吃的喝的。
外賣送遞也就是一個使者，
傳播著某種生活的信念和方法。

32/HOW

很多東西需要時間慢慢生長
比如一樹

it is time that is needed for all
... beings to grad... grow up
... gratia-TREE

時間慢慢

物以類聚，人以群分，這裡那裡，行走往來得越多，越覺得知己良朋的重要，也越明白到所謂家的意義。

說回來竟是老話兩句：「在家靠父母，出門靠朋友。」只是看你有沒有演繹出此時此刻的新意。傳承自長輩那裡的一些優秀的做人處事態度，被一路謹慎小心地維護著執行著，便累積成一種沉實的生活居家氛圍和環境。所依靠的「父母」，也就是生我養我的如斯厚道。一旦出得門來，江湖中稱兄道弟者，還有姊姊妹妹們，各人都以自己最鮮活有趣的一面示人，遂爆發出一股股意想不到的魅力和能量，相互感染，不怕飛沫帶菌。也由於各位在地朋友都在天馬行空地為建設自己和周邊的生活環境而努力著，好讓遠方來客如你我皆可有賓至如歸的感覺，所以，這一張好友之網，也就愈編愈細密，愈織愈輕揚。每當在自己小小的家裡忙到頭昏腦脹不亦樂乎之際，也會忽而想起這個那個城鎮裡的這位那位老友，現在究竟在忙些什麼玩些什麼吃些喝些什麼。

我在香港，他和她和其他的他和她在廈門；又或者我到廈門去，他和她到香港來，反正能在一起的時刻，彼此間的交流和碰擊，能量充足到似乎是用不完。就像上次到廈門，Dave、Cotton和大頭這三位老友馬上就把我挾持到張林大哥的「草根堂」，好菜好酒，讓我感激也來不及。過兩天，還貪心地跑到張家朝聖，一手私房好菜更是吃得我心花怒放。自覺無以為報，又不可班門弄斧，左思右想，不由技癢起來，不得不賣弄一下小聰明，服務一下大家。那時，Dave和Cotton的工作室和小商店開在廈門市思明區華新路32號中山公園西門附近的32How。32How又正是由涵景、宇明、李顏三位朋友一手籌畫經營、從典雅小別墅變身成充滿人文氣息的藝術創意院落，初探已經驚艷，直覺這就是每一個城市都需要的文化地標。無論是座無虛席、你來我往的演講研討，還是閒適獨坐，一邊品嚐手工咖啡一邊整理自家思路，無論是在地人還是過客，我們都實在需要一個這樣的中轉站，一個有趣的場所，於是也就留痕著跡地成了一群人的成長。有幸在這個特定的時空裡路過32How，不知怎地，我忽然覺得自己是個送外賣的Delivery Boy。

外賣，也就是把大家最需要的最好的最實在的，在最短時間裡最快送上，然後悉聽尊便，讓大家慢慢享用。外賣可以是一首歌一幅畫一則短文一些想法，當然更可以是吃的喝的。送外賣的也就是一個使者，傳播著某種生活的信念和方法。來到廈門，我暫時相對地得閒，就得為我那些忙碌到廢寢忘食的老友們準備午餐，送給他們能量和營養。鑑於才藝有限，打聽到有家叫做「萬字地」的麵餅鋪，販賣十分道地的北方麵食和小菜湯飲，深受一眾老饕讚賞，所以先和同行家眷們去吃了一頓，醬豬蹄燻豬肘燻蛋，芝麻燒餅煎餅果子一口酥，紅燒牛肉麵酸菜羊肉麵，一一嚐過之後，果然名不虛傳，還認識了老闆劉斐。早已落地扎根的這位老兄，把北方老家麵食在廈門發揚光大，嘻嘻哈哈地經歷了事業的一個又一個階段，也不斷為自己作生涯規畫。此刻雖然忘情書畫之間，但始終嚴格保證店裡販賣的吃喝是出得門見得人的超高水準。所以我靈機一動，實行「借來主義」：何不就借這裡的好麵好餅好小菜，妥當準時地運送到 32How，再加料現做一大碗西紅柿（番茄）炒蛋來作拌麵的澆頭，讓我那班連中飯也沒空吃的老友們大快朵頤一番？

外賣前一天，除了先行試味，還跑到廈門市中心老區的第八市場，在幾家舊雜貨店裡淘出了一堆人棄我取的杯盤碗碟，作為這頓午飯的最佳載體。此事再次證實了日常生活中處處都有好東西，只是我們有沒有足夠的眼光和飽滿的信心來做選擇和決定。道具行頭一應安排妥當，接下來就等主角出場了。

當天一大早，我們跑到劉斐的萬字地麵餅店，但見早班的師傅已在拌粉、擀麵、拉麵、做餅，從勁道十足的麵條，到金黃亮眼的芝麻燒餅和名符其實的一口酥，步驟緊密，毫不馬虎，教平日只懂吃的我們大開眼界，肅然起敬。然後，我們有點貪心地點了醬牛肉、燻豬肘和燻魚作小菜，以酸菜羊肉麵和京式炸醬麵作主食，更配上燒餅和一口酥。經過菜市場時，又心血來潮地順道買了小黃瓜和蒜頭來做拍黃瓜，買了雞蛋、西紅柿（番茄）和小青豆（豌豆）來做一個澆頭拌麵。結果要合家眷三人之力，方才把所有的外賣送到目的地。

菜單：

拍青瓜　　　　燻蛋　　　　　燻魚
醬牛肉　　　　燻豬肘

西紅柿炒蛋　　北方炸醬麵　　酸菜羊肉麵

芝麻燒餅　　　一口酥

在 32How 的陽台上，當所有的美味終於在餐桌上一字排開，正午的陽光已經有點偏斜，早已飢腸轆轆的一眾，則從各自的工作間裡傾巢而出，圍坐在一起享用這桌有取巧之嫌的外賣午餐——食得是福，能夠爭取一切機會和同聲同氣的好友開懷大啖是緣，能夠吃到用心用力成就的食物，就更值得珍惜。外賣或自煮，享樂並承擔，我們的寶貴時光就這樣虛虛實實地度過。

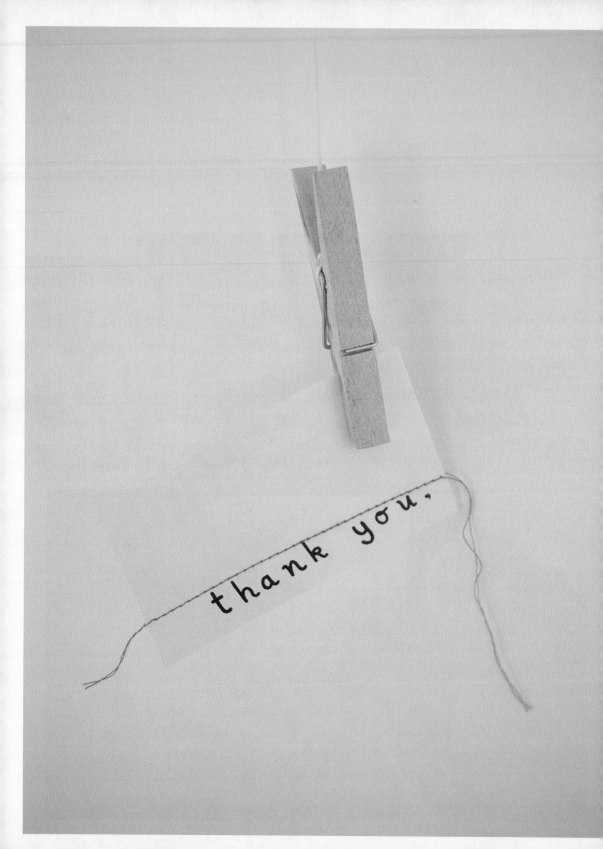

## 三廚的告白

除了那兩道絕無難度人人會做的西紅柿（番茄）炒雞蛋和拍黃瓜，其他的美味都是從劉斐老兄的萬字地麵餅鋪裡現買的。既然是外賣，就不好意思央求人家公開商業祕密，所以這趟就不能洋洋灑灑地解釋細說材料和作法了。換回個嘴饞為食的身分，不避嫌地讚美老劉的真功夫，好吃就是好吃。

**拍黃瓜**
關鍵就在那個拍字，把菜刀放平對準黃瓜就那麼一拍——當然挑的黃瓜要新鮮，太疲倦的黃瓜可先用刀橫豎切幾刀，但那就違「拍」的原意了。

**燻蛋**
用滷汁燻過的雞蛋，切開來蛋黃還是半凝固狀的，太好吃，一不小心就吃多了。

**燻魚**
醃得入味，炸得酥脆，放涼吸味的時間也掌握得正好，不太油不太乾不太濕，此為講究。

**燻豬肘**
豬皮部分，爽而不膩，肉質香滑細嫩，下酒佳品。

**西紅柿（番茄）炒蛋**
專挑軟熟的西紅柿，又甜又多汁煮來要點時間，不妨多放點生蒜末，也要多下點糖。炒蛋要把鍋燒紅，多下點油才炒得滑嫩。 炒好的蛋放進西紅柿醬裡一兜拌，下鹽調味，熱騰騰配上米飯和拌麵，吃不停口。

**北方炸醬麵**
用上北方黃醬和甜麵醬，以自家比例加進五花肉丁和酒料味料，熬出炒好的炸醬，十足道地。醬料有小黃瓜絲，水煮黃豆，芽菜絲，吃時可要來點大蒜或加辣椒就隨意了。

**酸菜羊肉麵**
熬出一窩湯清味濃的湯頭，絕對花時用心。羊肉是以白滷汁滷的，晾涼切薄片後肉質還是細緻得很，酸菜酸而不嗆，正合我意。

**麻醬燒餅**
外賣出門一段時間，燒餅還是外皮夠脆內有嚼勁，粉香芝麻香，吃得好過癮！

**一口酥**
小點心改對了名字，絕對一口酥。

# 草根香

我來自草根階層我就是草根，
作為一種表明身分地位心跡的宣言式說法，
很為一般市民大眾受用，

至少除卻一種高高在上的廟堂氣焰，
和大多數人擠在一起的感覺還是安全踏實的。
當然自稱草根或江湖的未必習慣並懂得食用植物根莖，
先入為主的怕吃苦始終是一大障礙，
因而未能開懷一嚐真正的草根味道。

營營役役之餘，不曉得多少人還有尋根究底的閒情？

梳理典籍眉目，從前要翻江倒海，如今，上這個那個網路尋查一下，依賴幾根指頭，就能得到一個大概。然而硬生生地輸入「草根」二字，跑出的幾百則都是那些有原則有態度的社會學論述，談得乃是草根階層 —— 草根作為一個階層的符碼代號，擺明車馬就有 down to earth 的道地庶民姿態。

我來自草根階層我就是草根 —— 作為一種表明身分地位心跡的宣言式說法，很為一般市民大眾受用，至少能除卻一種高高在上的廟堂氣焰，和大多數人擠在一起的感覺還是安全踏實的。當然自稱草根或江湖的卻未必習慣並懂得食用植物根莖，先入為主的怕吃苦始終是一大障礙，因而未能開懷一嚐真正的草根味道。

其實在我們的日常飲食生活裡，從來不乏根莖類植物。從蘿蔔、芋頭、馬鈴薯、淮山（山藥）、葛、蓮藕，到牛蒡、玉竹、茅根、山葵、生薑、南薑、黃薑、蔥、蒜，甚至像過貓、魚腥草這類野菜的根莖部分也有人專門尋找食用。這些食療效用各異的「地下黨」各自精彩，一直默默地從事著基層工作，倒是打好了穩健的根基，再大的風暴危機都不怕，樂天知命，見招拆招。日子有功，更發展出形形色色

的烹調方法，熬的煮的蒸的燉的炆的煎的炒的，也不抗拒烤的和炸的，醃一下生吃的也有，吃這種的甜美那種的苦辣，是一種完整而豐富的味覺實踐，更不妨當成一種人生體驗，視之為草根香、草根味。

每次經過廈門，老友Ｄ都帶我從機場直奔一家叫做「草根堂」的餐館。上兩回，都是坐進二樓那個獨立小廂房，吃的都是大方老實（暗暗來點刁鑽）的福建家鄉菜——這裡搞的當然不是傳統閩菜裡殿堂級的佛跳牆荔枝肉之類，倒是由來自武夷山的東主張林演繹的自創家鄉真滋味。能叫「草根堂」，菜餚裡常用的自然是來自家鄉土地裡的植物根莖，用來熬燉蒸煮，且不論有什麼食療作用，食物與土地與人的那種情感關係，倒是在面前那普普通通的一鍋湯和一盤肉裡面發生了某種微妙的化學反應。

曾經在媒體工作的張林，扎扎實實，話不多，通過親手做菜經營飯館，身體力行地實踐著他的草根理想。在能力所及的範圍內去尋找收集祖輩們一直沿用的道地食材和食器，找對一個不大不小的獨立房子作為「草堂」，動員培養起一群有概念有能力的工作伙伴，不必多說，我們這些由顧客成為朋友的都能嚐出這一分自在拿捏的生活理念。幾杯自家釀的家鄉米酒下肚後，我就大膽不客氣地央求張林到他的新家去串串門，目的也明顯不過：要進一步嚐嚐張林親自下廚烹調的一桌私房菜。

張林的家在一個陸續有街坊遷入的新社區，年前他一眼看中這個有很大陽台可供種花種草擺弄石頭木頭甚至養魚的空間，太陽下喝喝茶看看書聊聊天，再寫意不過，木桌一拼湊桌布一鋪，更便於在室外舒服用餐。當然，男主人還是得在室內把早就準備好的食材作最後召集，雙手舞弄出從前菜到主菜到湯到主食總共九道菜。從清爽脆嫩的醃蘿蔔皮，湯鮮味甜的高湯煮蘿蔔，口感獨特的雜菌煲，金針冬菇魚頭，到充分發揮草根本色的老菜脯燉雞，虎尾輪（狗尾草）燉水鴨以及香根子蒸排骨，還有那燻香撲鼻的煙燻草魚，軟熟暖胃的淮山（山藥）地瓜南瓜雜糧飯，把平日在人家廚房裡爭先恐後企圖幫上一把的我看得目瞪口呆，完全變成了一個幼兒園小朋友，好奇不已地哇聲連連，然後專心地等待著上菜的那一刻。

在我面前，張林對自己的「所作所為」信心十足，一招一式，莫不大方篤定，有條不紊。我也清楚地知道，這絕不是一個三星大廚在賓客前賣弄技巧表演功夫，倒更像是我們當中的一個，挽起衣袖，不慌不忙地跟大家分享生活中的靈感心得，一同體會這世代代祖輩累積留存下來的庶民飲食智慧。草根真義，就在這拿得起又放得開的大大小小盤碗，這湯湯水水，菜肉米飯之中。

## 醃蘿蔔皮

材料：
白蘿蔔皮　適量
鹽、糖　適量
醋　適量
蒜　適量
辣椒　適量
麻油　適量

- 先將蘿蔔洗淨，削皮切段。
- 用粗鹽醃拌半小時以上。
- 用冷水沖洗並拭乾。
- 加適量醋、糖、蒜茸、紅辣椒和麻油拌好，醃上3小時左右保證爽脆。

## 高湯蘿蔔

材料：
豬頭骨連腱肉　1份
薑　2大塊
上海鹹肉　1塊
魚露　少許
白蘿蔔　2條

- 豬頭放入鍋加水加薑，熬煮約45分鐘至湯色變白。
- 將上海鹹肉洗淨拭過，放鐵鍋中烤香兩面。
- 放進湯裡頭，加進魚露，以中火繼續熬上1小時。
- 加入切好的白蘿蔔，以慢火煮至軟嫩入味。

## 香根子蒸排骨

材料：
排骨　250克
蔥絲、薑末　適量
糖、鹽　適量
酒　適量
生抽醬油　適量
太白粉　適量
武夷山香根子　1束

- 先將排骨洗淨拭乾。
- 加入蔥絲、薑末、糖、鹽、酒及生抽醬油略醃，最後再用少許太白粉撈過。
- 放入洗淨的香根子。
- 鍋中燒開水，隔水蒸熟，幽香撲鼻與眾不同。

## 煙燻草魚

材料：
草魚　1條
糖、鹽　適量
酒　適量
生抽醬油　適量
月桂葉　5片
蔥　2棵
白米　1杯

- 先將草魚剖好，去頭尾，起2片魚身淨肉。
- 以糖、鹽、酒、生抽醬油、薑末混和調味，抹勻魚肉兩面。
- 以少許油起鍋，關火後放上錫紙。
- 錫紙面上放少許油，並把米粒、蔥段、糖及月桂葉放進。
- 魚肉以鐵架盛放鍋中，加蓋以大火燻約5分鐘至煙從蓋邊冒出，轉小火3分鐘後關火，再隔2分鐘即可。

## 虎尾輪（狗尾草）燉水鴨

材料：
約1公斤重水鴨　1隻
武夷山產虎尾輪
（狗尾草）　1束
薑片　3片
鹽　2匙
鮮淮山（山藥）　1根

- 先將水鴨放熱水鍋中汆燙，取出沖水。
- 水鴨放冷水鍋中加入薑片、鹽和虎尾輪。
- 開火燉約40分鐘再加入切好的鮮淮山，入口清鮮，是滋補極品。

## 老菜脯燉雞

材料：
放山雞　1隻
武夷山20年老菜脯　4塊
薑片　3片
蒜粒　5塊
當歸　1/2條

- 先將雞洗淨切妥，在熱水鍋中略汆燙，取出沖水。
- 雞放入鍋中加薑片、蒜粒和洗淨的老菜脯，以開水燉煮約2小時。
- 如能用炭火爐，效果更好。
- 湯燉90分鐘，加入半條當歸，味道更醇更溫厚。

## 金針冬菇蒸魚頭

材料：
草魚頭　1個
薑片　3片
五花肉　1片
冬菇　3個
金針　適量
生抽醬油　適量
酒　適量
鹽　適量

- 先將冬菇用熱水泡開，金針洗淨備用。
- 草魚頭洗淨放盤中，加入調味料略醃。
- 放進薑片、五花肉、冬菇和金針於魚頭上，隔水蒸約15分鐘即成。

## 雜菌煲

材料：
石耳　10朵
龍爪菇　10朵
薑片　3片
芹菜　適量

- 先將石耳及龍爪菇洗淨，撕成小塊。
- 薑片切好，芹菜切段。
- 石耳及龍爪菇及薑片放高湯內煮約20分鐘。
- 關火並放入芹菜，原煲上桌。

## 雜糧飯

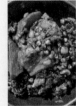

材料：
紫淮山（紫山藥）　1條
紫地瓜　1條
玉米　1串
南瓜　1/4個
雜糧米（蕎麥米、黑米、高粱米）

- 淮山、地瓜、南瓜洗淨切小塊，玉米剝粒。
- 雜糧米稍浸水，洗米後加入其他材料煮約20分鐘。
- 待米粒熟後收水後關火，飯香撲鼻，異色驚艷。

# 麵包遇上沾醬

當我得知有這麼一位把自己的家
變成一個麵包烤箱的朋友，
馬上想像有了她這些新鮮出爐的手工麵包，
該配上一些什麼菜？
心血來潮立刻拜託身邊另一位貪吃的台灣老友
拿到賀四的電話，撥一通過去說明來由。

那一端果然笑著答話，
歡迎歡迎，這裡有的是麵包。

朋友們都懶，把她的本來名字略作剪裁，管她叫賀四。賀四除了是資深劇場人、廣告人、設計人，最新的標籤是熱辣辣的麵包人。

當我得知有這麼一位把自己的家變成一個麵包烤箱的朋友，馬上想像有了她這些新鮮出爐的手工麵包，該配上一些什麼菜？心血來潮立刻拜託身邊另一位貪吃的台灣老友拿到賀四的電話，撥一通過去說明來由。那一端果然笑著答話，歡迎歡迎，這裡有的是麵包。

稍作準備，我就捧著從菜市場和超市裡買來的大包小包食材，搭了一趟便車，來到台北市外土城的另一個密集的舊社區裡。

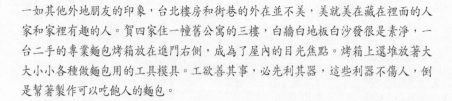

一如其他外地朋友的印象，台北樓房和街巷的外在並不美，美就美在藏在裡面的人家和家裡有趣的人。賀四家住一幢舊公寓的三樓，白牆白地板白沙發很是素淨，一台二手的專業麵包烤箱放在進門右側，成為了屋內的目光焦點。烤箱上還堆放著大大小小各種做麵包用的工具模具。工欲善其事，必先利其器，這些利器不傷人，倒是幫著製作可以吃飽人的麵包。

賀四手工造的麵包是歐式的結實版本，外皮堅脆內裡柔韌，有別於日式麵包的酥香軟膩，細細嚼來，更能吃出麥香原味。在健康自然飲食再度抬頭的今天，歐式麵包也從單一原型開始加入各式穀物、種子、果子、雜糧甚至蔬菜，以滿足大家的健康覺醒需求。然而今晚我們不必花俏，回歸到最原始的版本，只用高筋麵粉、酵母、水和少量的鹽，再加上純熟的手藝，一切都在掌握之中。

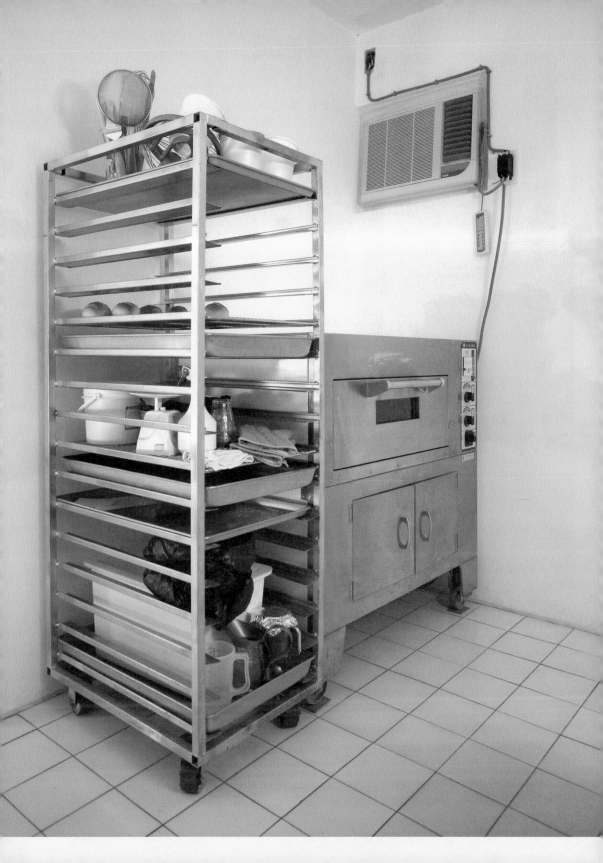

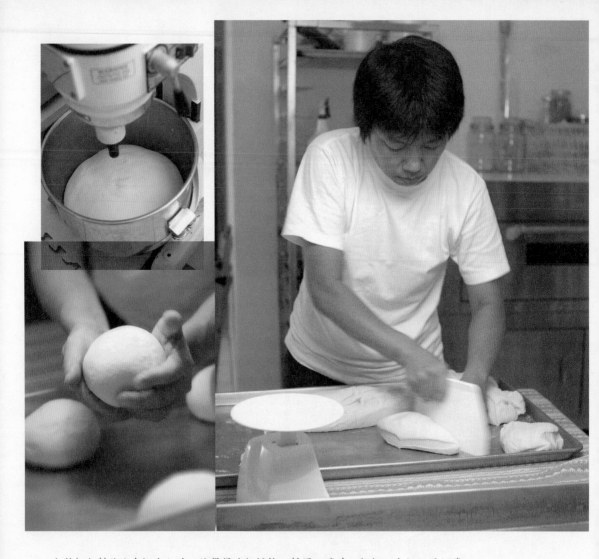

在對麵包製作沒有概念之前，總覺得這個攪拌─靜置─發酵─拉捏─分切─再經發酵─切飾─烘焙的過程，實在存在太多變數，恐怕不是 home made 能力所及。這回來晚了一點，賀四已經把第一階段配比拌粉、加水攪拌成麵團的工作完成了，我們來看到的已是發酵當中的麵團。其實女主人平日也經常和友人們有這樣的安排，先把這第一期工作做妥，然後大夥兒到家附近爬個山活動一下，數小時後再回來接續餘下的工序，分工合作迎接晚餐。

這回聚集的一眾都是多年老友了，不客氣地衝著麵包而來，也就讓女主人把飯桌變作工場變成舞台，獨當一面地 Solo 一番：把發酵膨脹的麵團拉捏切割，經過一個叫「滾圓」的動作，讓麵團成為脹鼓鼓的一小個一小個，再來一次發酵。為了不破壞整個麵包家族的完整，本來躍躍欲試的我還是把手繞在背後，先作壁上觀地把製作過程都好好記住，再看一下時間也差不多了，開始準備配出爐麵包的料理。

　　麵包是主角，其他一切倒也輕鬆好辦。第一時間想到的是要做好幾種沾醬，一眼看中金黃品種的有機奇異果，做成果泥拌入少許橄欖油，現磨少許黑的紅的青的胡椒提味就很好。再來是皮薄肉嫩的甜柑，剝皮後把果肉仔細拆出拌上蜂蜜，再把部分果皮洗淨切絲放進，摘幾片嫩綠薄荷葉尖更見顏色。接著來的自然就進入口味濃重的羅勒大蒜沾醬，煙燻鮭魚飛魚子乳酪沾醬，出動四種沾醬用來配麵包，一桌有夠好看。

　　要讓老友們滿足到底，十分有秋收感覺的南瓜西紅柿（番茄）洋蔥濃湯熱騰騰緊接登場，針對座中的食肉獸還準備了一小鍋檸檬香草燜雞作為主菜。終於那拉成小長條切上三刀的麵包在烤箱裡變成金黃，以誘人的香氣和熱度呼喚一眾圍觀者。新鮮熱騰騰出爐的麵包可得稍稍降溫才能吃，其實圍坐在餐桌旁的幾位已經迫不及待，忍不住把小勺伸向沾醬，先嚐為快了……

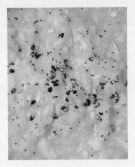

### 黃金奇異果沾醬（6人份）

材料：
有機黃金奇異果　5顆
有機初榨橄欖油　適量
黑/紅/青胡椒　少許

- 將奇異果切開取肉剁茸。
- 以少許橄欖油拌勻。
- 現磨胡椒提味。

### 蜂蜜甜柑沾醬（6人份）

材料：
小甜柑　6顆
蜂蜜　適量
薄荷嫩葉片　少許

- 取數塊柑皮洗淨切細絲。
- 以蜂蜜拌好果肉果皮。
- 撒上薄荷嫩葉。

### 檸檬香草燜雞（6人份）

材料：
小雞腿　12隻
檸檬　2顆
百里香　1束
紅蔥頭　15粒
奶油、鹽、胡椒　適量
蛋白　1顆份量
雞高湯　1罐
麵粉　少許

- 先將小雞腿洗淨拭乾，以蛋白、麵粉塗勻，加鹽及胡椒調味，置於冰箱約半小時。
- 紅蔥頭去皮，洗淨原粒備用。
- 以奶油起鍋，爆香紅蔥頭和百里香草，再把小雞腿放入煎至表皮金黃。
- 轉中火放入雞高湯及檸檬切片，燜煮約15分鐘。
- 待汁液轉稠，關火前再加適量奶油增香。

### 南瓜西紅柿（番茄）
### 洋蔥濃湯（6人份）

材料：
中型南瓜　1顆
西紅柿（番茄）　6顆
洋蔥　3個
月桂葉　4片
奶油　適量
鹽、黑胡椒　少許

- 先將南瓜去皮切塊，西紅柿切塊，洋蔥去皮切絲。
- 將所有材料連月桂葉放鍋中，以中火熬煮約半小時。
- 以湯勺攪拌並將材料擠壓成茸，慢火再煮約10分鐘。
- 關火前放入鹽及黑胡椒調味，可放入奶油添加香滑。

### 煙燻鮭魚飛魚子
### 乳酪沾醬（6人份）

材料：
燻鮭魚　4片
飛魚子　30片
乳酪(cream cheese)　1盒
青蔥　1條

- 先將燻鮭魚剁成茸。
- 青蔥切小段。
- 燻鮭魚茸、飛魚子、青蔥與乳酪一並拌勻。

### 羅勒葉大蒜沾醬（6人份）

材料：
羅勒葉　1束
大蒜　5瓣
有機初榨橄欖油　適量

- 先將羅勒葉洗淨，摘葉片，切碎。
- 大蒜去皮取肉剁茸。
- 以橄欖油拌勻。

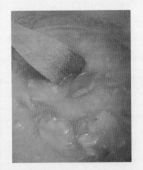

# 從橋邊到橋頭的在地滋味

一切從這一撮美味蔥酥開始，
卻也讓我得到了口腹之外更大的啟迪和滿足，
一方水土養一方人，
有這樣的傳承才會產生如此選擇。
在城鄉經歷急遽變更轉型的當下，
這橋邊發生的一切讓我覺得更難得、更要珍惜。

一切都由這一撮油炸得酥香惹味的紅蔥頭開始。

我記得，小時候家中廚房裡、餐桌上都時常瀰漫一股獨特的撲鼻油香。祖籍福建亦身為印尼華僑的外祖父母，有他們自成一套的飲食口味和習慣，除了吃香喝辣，喜甜偏濃的口味亦不在話下。添色調味的醬料有特濃的醬油膏仔清、極鮮的蝦膏（峇拉盞）、棕黑色磚狀的椰糖，更少不了去皮、洗淨、切片後下油鍋，炸出一瓣瓣金黃酥香脆片的紅蔥頭，既可與蔥酥一道拌進福建蝦麵中共吃，鮮味會更加濃郁；也可把蔥片拭油後入罐儲存，需要時拌進各種涼菜、咖哩或用於熱炒中，建構出絲毫不差且無處不在的「家鄉」味道。這也是我自小就認同並擁護的一種福建——南洋——廣東味覺身分。

年長後，當我有機會在台灣各城鄉間行走，也在新馬泰印尼等南洋諸國來往，馬上就辨認追蹤出紅蔥酥在這一帶餐桌上的廣泛應用。閩南菜和台灣菜本就同源，飄洋南下後又與眾多南洋香料建構出更多元、更複雜的口味。紅蔥頭下油鍋，時間太短水分殘留其中，蔥頭始終軟趴趴地；若時間過長，瞬間被炸焦變黑，壞了好事。恰到好處的烹飪純粹靠經驗去準確拿捏，炸好的蔥頭看起來是金黃亮眼，入口是酥脆甘香。固執的老饕們堅持自家手工炸製，但市面上也有大量炸好袋入罐零售的成品，僅憑直覺，我就對這些預製品沒信心。萬一包裝有誤，蔥酥受潮變軟變壞的機率很高。此外，我也不知廠家用的會不會是什麼萬年油回鍋油的，所以每回拿起那些現成的貨色，看一下且沾得一手油，還是速速放下。

直到有次在台北好友怡蘭的精選食材專門店Pekoe的貨架上看到兩瓶似是法國進口的成品，有由鵝油浸著的蔥酥和乾的蔥酥，正驚嘆原來法國老饕也好此道，店長卻笑著跟我解釋，這可是百分百正宗的台灣製作。只因為製作人曾在法國留學，瞭解認識到很多法國名廚以至居家料理都用鵝油來作日常烹調，加上製作人的媽媽就在高雄縣仁武鄉的老家經營傳統鵝肉店，本就用鵝油來炸製紅蔥頭，機緣巧合下靈感碰撞，便出現了這些以作坊形式出品，精心製作，手工限量售賣的美味。

我迫不及待地買來鵝油香蔥和蔥酥各一瓶，回家拌著水煮麵一吃，不得了，其香其酥其甘美，叫人喜出望外。最難得的是鵝油中的蔥酥味道就像剛炸好的蔥酥一般，甚是神奇。分與同樣以食為天的爸媽和老弟同享，他們也對此美味讚不絕口。我立刻對自己許諾，定要找機會到這家名為Le Pont的橋邊鵝肉店，拜訪這心思足、功力厚、製作出如此精品的好人家。

不久，家裡冰箱儲存的Le Pont產品早就吃光光了，連攝影師助理也在催我趕快補貨，因為他也早晚惦記著那香蔥的味道。終於，在一個攝氏三十四度高溫的早上，我們從香港飛至高雄，連隨身行李也來不及先放入旅館，逕自從機場叫了出租車直奔仁武鄉曹公渠道旁的橋邊鵝肉店。迎上來的是一個笑容可掬的、取了法國名字的

少當家Luc，還有在他背後鼓勵支持、一起打拼經營的陳爸爸和陳媽媽。

其實，從下車的那一刻開始，我就有一種回到家的親切感覺。這家看似沒有特別裝潢，跟台灣市郊公路邊其他餐廳無異的鵝肉店，卻蘊含著一種讓人一而再、再而三光臨的魅力。從傍晚到深夜，客似雲來，絡繹不絕，就是因為這裡待客的食品都是踏踏實實的手工菜：台式鵝肉米粉冬粉，鵝下水湯以至燙鵝腱，粵式燒鵝，加上各種小菜，越簡單就越得堅守質量和細節。再加上貫穿其中舉足輕重的鵝油香蔥，為所有菜餚提味生色，這也是叫我聞香有如踏入家門的原因。

橋邊樹下，三十歲出頭的Luc娓娓道來他在高雄讀完旅遊觀光專科再赴法進修的往事，他選擇到波爾多，一來增添不少品鑑紅酒的知識，二來也見識到法國友人對傳統美食的喜好和執著，比如堅持用鵝油烹調傳統家常料理，好留住最深刻最徹底的美味回憶。這也直接激發了Luc為父母經營的鵝肉店構思未來的發展方向——以鵝油去炸蔥酥本也就是日常程序，但裝瓶零售並向市場推廣倒是一個嶄新的嘗試，這個大膽的想法得到了母親的支持。陳媽媽出身經營鄉間酒席的餐飲世家，當然知道經營餐廳的艱辛勞累，但見兒子如此專注用心，更放下自己修讀的專業，作好

準備，夥同摯友 Ralph 一道矢志投身更大挑戰的飲食業，陳媽媽決定以行動支持兒子，與兒子分工合作，事事親力親為，期間更把多年經營心得仔細向這個初生之犢一一講解。

鵝肉店是在傍晚才開始營業的，但從早上開始，店裡上上下下就開始忙碌了。一方面為當天的食物作準備，另外也要分配人手在店裡一隅的小作坊熬鵝油，炸蔥酥。因為產品一推出便好評如潮，食客除了在特許代理店內選購，更遠道而來見識入貨，更有客戶一訂就是上千瓶。堅持慢工出細貨的 Luc 和陳媽媽在欣喜之餘也得向人家解釋須輪候一下。好客的陳媽媽，自我們一開始拍攝記錄，就顧不了自己吃喝，早早替我們準備好午餐：一桌的小菜和熱騰騰米飯，剛燙好的麵條，主角當然是一大匙拌進去的噴香地鵝油蔥酥。陳媽媽一直說這是隨便小吃不要見怪，我們可是吃得心花怒放。陳媽媽還仔細解說鵝油其實比其他動物的油脂少油膩感，更健康。寬心之餘，我們吃得更不顧儀態了。

飽餐一頓之後，陳媽媽親自示範如何剝紅蔥切紅蔥。手法俐落的她，之所以能切出又細又長、炸出來色香味俱全的蔥酥，關鍵就是那綿密的刀工。訓練有素的夥計小心翼翼地用大鏟翻弄油鍋中炸得滋滋作響的蔥片，在蔥片變得金黃那一剎那把蔥酥撈起，鋪開拭油，稍涼後馬上裝瓶，或注進鵝油以保持乾燥，封蓋包裝。我終於見識到我摯愛的「家鄉」美味如何從原材料到製成品的完整過程，著實感激這一家人為此付出的心思、創意、努力和堅持。可能在某些人的眼中，這只是一個鄉鎮橋邊的家庭小生意，但我卻看到了一種敢於把本地傳統和異國菁華碰撞融合的成功例子，看到了兩代人對於美食細節的虔誠執著，也看到了新一代創業者在媒體和顧客的簇擁盛讚下依然能保持踏實冷靜的思考，不慌不忙、逐步展開周詳的計畫。

一切從這一撮美味蔥酥開始，卻也讓我得到了口腹之外更大的啟迪和滿足，一方水土養一方人，有這樣的傳承才會產生如此選擇。在城鄉經歷急遽變更轉型的當下，這橋邊發生的一切讓我覺得更難得、更要珍惜。

## 意外邂逅「橋頭」往事

前進高雄的第一個任務順利完成，捧著十多瓶送禮自用都超正點的鵝油香蔥和蔥酥，還有一瓶陳媽媽盛情推薦要我們一試，以不公開販賣的自家酒浸泡的自栽原生小辣椒，心裡已在盤算著怎樣利用這批極品完成接下來的第二個任務。

老友耿瑜在電話裡興奮地說了好幾次，歐陽你一定會喜歡這個在高雄橋頭鄉橋仔頭糖廠舊址上俗稱白屋的奇特環境。你會結識到一群來自五湖四海的有趣的人，而且那裡有足夠的空間、設備、餐具和本地食材，可以舞弄出一頓豐盛的晚餐──就憑老友這幾句話，我連功課也不用做，抱著邊走邊看邊做邊吃的心態，跳上捷運，眨眼就到了橋仔頭。說是來做一頓飯，但想不到竟然闖進了一個有歷史有文化更有生活的厲害地方。

橋頭鄉的橋頭糖廠是台灣糖業的故鄉。日治時代，日本人計畫在台灣發展製糖業，幾經尋覓推敲，最後選中了生產腹地遼闊，土地肥沃並長滿甘蔗、稻米、水果的橋頭鄉。橋頭糖廠於一九〇二年正式投產，是台灣由人力製糖進入現代化機械製糖的第一座糖廠，頗具象徵意義。除了廠房建築、生產設備和鐵路運輸，糖廠周邊更設有宿舍、招待所、劇場、園林以及棒球場、網球場、射箭場、跑馬場等等娛樂設施，負責招待日本總督和親王，體驗當地經濟發展狀況。

百年來台灣的製糖業因各種因素影響,由盛轉衰。台灣光復後成立的台灣糖業公司還曾風光一時,二十世紀五〇年代的砂糖外銷收入占外匯總數額七成以上。但近二三十年來,台灣糖業的地位連年下降,台糖不堪長年虧損,逐年關閉不符經濟效益的糖廠。即使是像橋頭糖廠這樣顯赫一時的元老,也難逃關門一劫。當年曾在迷宮一樣的甘蔗田中穿梭遊玩的鄉村孩童,乘產業鐵路小火車上學的學生,如今都步入人生晚年,原有的建築和設備幾經火災拆建損毀,剩下的勉強支撐起舊時氛圍。一九九八年,這裡成為台灣第一座被列為古蹟的工業遺址,一大批文史、文藝工作者開始關注本土文化,二〇〇一年到二〇〇七年,這裡設立了橋仔頭糖廠藝術村,連續十期皆有藝術家駐村計畫,加上民間的橋仔頭文史協會的活躍,讓文化資產有機會從已經崩潰的產業資產、老舊社區逐步走向鮮活再生。然而,在復甦過程中,擁有公有資產管理權的台糖當局以整體開發業務需要之名,摧毀糖廠內一批歷史建築,重點打造出一個實際經營狀況慘淡的糖業博物館,更出租寶貴地段給一些與此地文史脈絡無關的商家去經營,招攬遊客。種種舉動引起太多負面社會輿論,加上有三百年歷史的橋仔頭老街正在拆除,日治時期遺留下來的巴洛克建築瞬間成為地上磚瓦,「官」民衝突愈演愈烈。

如果我只是以一個觀光客的身分經過,恐怕不會看到、聽到或者有興趣、有管道去追尋這層層疊疊的街區歷史,也就是因為有機會走進這家由一群有心的當地文化教育工作者建築的「白屋」,接觸到這裡的項目負責人商毓芬老師和一批細緻熱情的同事,以及在廚房和餐桌附近出出入入來來往往的藝術家、策展人、雕塑家、熱血志工、第一代中年和第二代接班少年,我才發覺這一頓飯可以吃出真正的本地滋味。

藝術村原來是日治時期糖廠附設接待日本總督和親王的招待所,日久失修,招待所原來的木造建築也經多次的燒毀,如今僅存磚石地基。但在商老師的引領講解下,還是可以看出當年輝煌的格局 —— 兩棵參天老榕樹;二十世紀二〇年代仿造西式造景的噴水池;日本人學習西方幾何美學和砌磚技術的紅磚水塔;日式景觀敷石、茶室;二戰時期的防空洞;還有一個以雨豆樹為圓心,以金絲竹圍牆為半徑,形成直徑五十公尺的露天圓形劇場 —— 當年既是歌劇演唱廳亦是相撲的比賽場,遠處還有棒球場、網球場和跑馬場。這群來自民間的朋友決定以一己之力修復古蹟。他們花上大半年的時間,動用了五名園丁、九名水匠木匠水電師傅、九名專業藝術行政與景觀建築室內設計師、二位古樹專家、四家金工木工工藝工廠,才有今天在我等遊人過客面前的一組用作展覽、活動和辦公的「白屋」;另一組建在木造招待所原址上被叫作「南島南」的木造平台,用作演出舞台、露天餐飲場所;還有一處「F4」的田野空地,是大家聚會、燒烤、運動的地方、加上匯聚集體智慧的永續田野工作室,努力地為這個社區的未來發展打拚爭取。

有緣路過，豁然開朗、眼前一亮的同時，心緒卻跌蕩起伏。眼前不止是新舊景觀美
麗，更美的是這一群對這片土地愛得真切深沉的人。短短的大半天不足讓我透澈瞭
解他們各自的專長和共同的理想，但舉止言談間，我強烈地感受到大家對本地生活
傳統習慣不變的依戀和熱愛，對鄰近社區生活環境的保護和發展極其關注，對當地
下一代的人格成長、教育素質亦十分重視 —— 一個由社會基層發起、成就個人和集
體的生活「運動」，才最叫人興奮也最有希望吧。

心情大好卻也事不宜遲，我們在老街菜市場開始營業的午後，在拆建中的街區老路旁
跟水果攤的老媽媽買了好些當地荔枝和芒果，也在菜市場裡買了蘆筍、白玉苦瓜、筊
白筍、秋葵、馬鈴薯；在魚店裡挑了肥美的秋刀魚，加上「南島南」的巧手主廚早就
備好的有機食材和正在燉煮的土雞，今晚十到二十人的燒烤晚宴應該夠豐夠熱鬧！

接下來的兩三個小時我就像花間樂瘋了的蜂蝶一樣，在偌大的場地裡上下來回跑動。先把幾種芒果切成粗細不同備用，分別配以荔枝、辣椒、薑末、蔥酥做成的口味獨特的醬料，再把各種蔬菜洗淨切妥、處理好，準備抹油灑鹽燒烤。秋刀魚比較方便，刷上厚厚粗鹽就可放在烤爐上直接燒烤，而作為主人的主廚更是有條不紊地做好了紫米酒釀、南瓜馬鈴薯茸、茄冬月桂燉土雞，就連白蘿蔔昆布柴魚湯底也都準備好，用來涮熟薄薄的白豬肉，而燒烤用的肉片也都整齊擺放在案。

說時遲那時快，天已經黑了，專業燒烤玩樂的坊眾們把電燈泡用拋引方式高掛在樹梢，雕塑藝術家打造的鱷魚烤箱、火車烤箱和瓢蟲烤箱中的爐火已經旺了，來自五湖四海的人馬也都在大樹下餐桌前乖乖坐好，連湊熱「血」的蚊子也都開始叮人了。

第一盤蔬菜烤好，第一批四條秋刀魚端上來，第一盤烤肉噴香，不要忘記搭配口味不同的土芒果沾醬。野薑飯也一碗一碗裝好，澆上一勺橋邊鵝肉店的鵝油香蔥，當地街坊也嘖嘖稱奇，大力鼓掌直呼好味道。我這個外來的為食傢伙沾光不少，驕傲地代 Luc 及陳媽媽向他們熱情推薦──請多多捧場。

在這個既陌生又熟悉的環境中，在一通色彩豐富的熱鬧忙亂當中，在黑夜中發亮的溫柔眼神和滿足笑容中，前進高雄的第二個任務順利完成。我終於可以坐下來，流著汗把面前的種種美食一一嚐過，有情有義、有互動有交流──果然是別具一格的在地好味道。

### 紫米酒釀

先將紫米與白米洗淨，下鍋加水煮約半小時，加紅糖調味，再加入適量酒釀，熄火待涼。可保溫吃，亦可放入冰箱冰鎮，炎夏健康甜食首選。

### 芒果荔枝沾醬

芒果去皮起肉切成碎粒，荔枝去皮去核起肉，現磨黑胡椒與2/3芒果塊拌勻，將荔枝肉及剩餘芒果肉置其上，以檸檬薄荷或百里香草裝飾。

### 芒果薑末沾醬

芒果去皮起肉，一半放攪拌機內與洗淨的薑片打碎成茸，置碗中，再將另一半芒果肉置於其上，以紫蘇葉裝飾。

### 芒果蔥酥辣味沾醬

芒果去皮起肉，與切細之去籽紅辣椒絲拌勻，置碗中，撒進用鵝油炸香的蔥酥，以薄荷葉裝飾。

### 鵝油烤洋蔥及馬鈴薯

馬鈴薯洗淨連皮切片，洋蔥去皮切片，平鋪於錫箔紙上，以小匙澆上適量鵝油，置烤爐上烤熟。

### 鵝油烤蘆筍、秋葵及蒜頭

分別將蘆筍洗淨切走根莖末端，秋葵去殼切薄片，蒜頭原顆，平鋪於錫箔紙上，以小匙澆上適量鵝油，放烤爐上烤熟，撒上少許海鹽及現磨黑胡椒調味便可。

### 南瓜馬鈴薯茸

南瓜去皮去籽切片，隔水蒸熟，馬鈴薯連皮放水中煮熟，去皮，與南瓜片一起放碗中壓成茸，加入適量鹽、黑胡椒調味，亦可加入少許鮮奶油或奶油讓口感更加嫩滑。

### 鵝油烤白玉苦瓜

白玉苦瓜洗淨切厚圈，去核，鋪於錫箔紙上，放烤爐上烤熟，撒進少許海鹽及現磨黑胡椒調味便可。

### 鵝油蔥酥野菌糙米飯

糙米洗淨，野菌洗淨切片，加水煮熟成飯，置碗中澆入一勺鵝油蔥酥拌食。

### 鹽烤秋刀魚

秋刀魚洗淨，不必剖取內臟，以大量粗鹽擦封魚身，放於烤熱的石板上，慢烤至全熟，撕棄魚皮，撒上少許青檸檬汁於魚身供食。

### 白蘿蔔昆布柴魚湯涮豬肉片

以昆布及柴魚熬湯，再放進白蘿蔔共煮，湯成後轉盛於小鍋中，豬肉切薄片，涮進熱湯中，轉熟可食。

### 茄冬月桂燉土雞

茄冬葉與月桂葉平鋪鍋內，加適量白酒將切洗好的雞肉燉煮至少2小時，上菜前下少許海鹽調味。

# 二十年‧兩頓飯

我們這些自以為是的其實也總得互相依傍，
你撐我、我撐你地走過疲累的低沉日子。
遠隔十萬八千里一通短訊一句問候，
千挑萬選的一小盒家鄉經典點心，
煞有其事地跑到Ray現居
在台北陽明山上自建的房子，
說好不必他動手讓我來買菜來下廚
來配酒配茶配點心，
隔了二十年再上演好戲的下集，
結局還未到。

很清楚記得，第一次到陳瑞憲在台北忠孝東路上的正義國宅家裡竟然就是一起動手做飯。嘴饞的我擔心吃不飽，還在他家樓下的惠康超市額外買了兩包已經配好料調好味的豆豉排骨，更自作聰明地多買了一些蒜頭、豆豉和紅辣椒，一心要舞弄出一盤像樣的廣式蒜頭豆豉蒸排骨——結果味道還算可以，就是那些由別人作主宰割的排骨不是太肥就是太瘦，蒸起來不是太大就是太小，所以整體來說還是不合格的。對於不能一展所長贏得食客們幾下掌聲，我竟是一直耿耿於懷——即使這已經是整整二十年前的事。

Ray平日做人溫文有禮處事淡定有度，處理大事之餘，他對這些飲食生活細節還是很挑剔講究的。對於我這個「後輩」對這盤排骨駕馭失誤，他倒是沒有太嚴厲的批評，只是以身作則地搬出他準備好的幾盤拿手好菜，該都是他在日本留學和工作期間鍛鍊出來的款式和手藝吧。好吃好看到我現在怎麼想都想不起究竟當晚吃的是什麼了，但那個連接著廚房的有趣的用餐角落，那些極其戲劇性實驗性的燈光氛圍，還有居高臨下窗外夜裡高架橋中車來車往激發的流動能量——那個晚上視覺味覺的經驗是如此的強烈深刻，Ray也有足夠的寬容讓「年少」的我得知來日方長，總有一天我會再動手為他也為一眾在他家裡再做飯吧。

如是者二十年過去，期間我們當然在台北、香港、北京、巴黎都先先後後碰過無數次面吃過無數頓飯，甚至有在別的朋友家裡一起吃喝的機會，就是沒有好好地安排到他家再補足多年前的小遺憾。其實Ray這些年來也的確太忙，自家的建築設計事務所完成眾多項目：誠品書店台中店、高雄店、台北信義區旗艦店、實踐大學新校舍的室內規畫、汕頭大學圖書館、台北故宮博物院的三希堂茶室、好幾家高級日本料理和百貨商場的室內裝潢……當一個人把自己的精神心血都貢獻社會作為集體分享之際，犧牲的恐怕不止是為自己做一頓飯的時間。

Ray從小在一個管教嚴格優良的中上家庭裡長大，曾經留學日本受日本藝術文化的薰陶影響，長期創作實踐中執著於聲色光影空間規畫造型的細膩，是我早期認識的台灣朋友中可以馬上推心置腹肆無忌憚無所不談的第一位。視之為偶像有點太客氣，把他當前輩他會翻臉，但說實話他就是一個不一定會引我走上「正路」的兄長。

九七年我在香港買了新房子，正在苦苦思量該如何裝潢，心血來潮地把路過香港的Ray請到我的新家去逛逛希望他給我建議，怎知他還未上樓，一句「指示」過來讓我把三房兩廳的間隔牆全部推倒，還原為一個最簡單最俐落也最有可能性的開放空間。作為小弟的我當然乖乖聽話，從此吃喝工作睡覺以至沐浴都在一個無遮無掩的

空蕩蕩的大環境中，輕鬆活潑快樂一眨眼又是十多年，說得嚴重一點就是 Ray 的那一個建議建構了這些年來我的日常起居習性，慢慢成為生活準則和態度，如果我們這麼喜歡說 you are what you eat，恐怕 you are where you live 也沒什麼錯。

我們這些自以為是的其實也總得互相依傍，你撐我、我撐你地走過疲累的低沉日子。遠隔十萬八千里一通短訊一句問候，千挑萬選的一小盒家鄉經典點心，煞有其事地跑到 Ray 現居在台北陽明山上自建的房子，說好不必他動手讓我來買菜來下廚來配酒配茶配點心，隔了二十年再上演好戲的下集，結局還未到。

對台北的傳統菜市場也算熟悉，尤其在過年及時節前去亂逛會特別擁擠格外興奮。這回貪方便，在微風廣場的超市裡把食材一網打盡。因為心裡想的是幾個不同飲食文化的碰撞融合──東南亞口味的大蝦和橘柚加上鵝油蔥酥涼拌，韓國的小魚乾泡菜拌飯，印度風的香料乳酪配秋葵，南美傳統的奶油辣椒燒玉米，還有臨時登場的當季鮮甜台灣竹筍沾上紅莓焦糖醬，買來的日式黑糖麻糬及抹茶羊羹，以台灣芒果作餡的凍布丁，一口氣把近年來在自家廚房裡常常烹調自用的菜式都匯集登場，好讓 Ray 這位兄長檢閱一下小弟應該有點進步的身手。

來到風光明媚景觀開闊陽明山上這叫人嘩然的私宅，也不知是羨慕還是妒忌了。反正這個結構簡單通透的盒子，裝載的都是屋主人歷經千錘百鍊從璀璨回歸平淡後的家用精品。這裡是 Ray 現階段的居所，不曉得什麼時候又會變身翻開生活另一篇章？三年、五年、十年、二十年？再來第三頓第四頓第五六頓飯，既然如此，我也膽敢承諾，每頓飯每道菜都有不同都有創意，小心吃著甜品不會咬出一張紙條，感激盡在不言中。

### 鮮蝦橘柚涼拌

材料：　　　　醬汁：
大蝦　3隻　　蜜糖　1茶匙
橘子　3顆　　青檸檬　2顆
西柚　2顆　　紅辣椒　1/2條
香芽　3株
紅蔥酥　4匙
金不換
（羅勒）　1把

- 先將蜜糖、青檸檬汁及辣椒調
  勻成醬汁。橘子和西柚去皮後拆
  肉，香芽嫩莖及金不換葉片切
  細，置於盤子裡，與醬汁拌勻。
- 鮮蝦肉以橄欖油炒熟，鋪在涼
  拌上，再鋪上蔥酥。

### 香料乳酪拌秋葵

材料：
秋葵　20條
薄荷葉　1束
薑茸　2匙
原味乳酪　200克
芥末籽　1匙

- 薄荷葉片切細，放進乳酪裡加
  薑茸和炒過的芥末籽一起拌勻，
  成為沾醬。
- 秋葵在滾水中燙熟，切去頭尾
  待涼，以沾醬澆入拌食。

### 奶油辣椒燒玉米

材料：
玉米　4根
奶油　2厚片
青蔥　1束
乾辣椒片　適量
鹽　少許

- 玉米以熱水先煮熟，再以奶油
  起鍋，稍微把玉米煎香，加少許
  鹽、乾辣椒和蔥花下鍋調味拌
  勻。

### 小魚乾泡菜拌飯

材料：
涼拌生菜　2款
韓式大白菜泡菜　1小盒
韓式蘿蔔泡菜　1小盒
糖漬魚乾　1小盒
醃漬蓮藕片　1小盒
白飯　3碗
麻油　2湯匙
韓式辣椒麴醬　1湯匙

- 先按人數煮1鍋白飯備用。
  沙拉菜撕細，泡菜切絲，加上幾
  款韓式醃漬材料，以麴醬及麻油
  調味，與飯拌勻，裝入碗後鋪上
  醃蓮藕片。

### 鮮筍配紅莓焦糖

材料：
竹筍　2個
紅莓果醬　2大匙
原糖　2匙

- 竹筍連皮放水中煮熟，待涼後
  剝皮，將筍肉切小塊，吃時沾上
  用果醬與原糖熬成的焦糖。

### 黑糖麻糬、茶羊羹、芒果布丁（現買）

# 築夢山居

直到入黑下山，
車廂外流過的公路燈光迎面刺眼，
我還是有這麼一種正在做夢的感覺。
而這夢中的我是神清氣爽的，
腳踏實地的，也很自覺清楚，在那不遠處
那更高更深的山裡有一個值得繼續尋找的
需要努力追求的方向。

夢回現實，
是一種貼心問心的經歷。

直到入黑下山，車廂外流過的公路燈光迎面刺眼，我還是有這麼一種正在做夢的感覺。而這夢中的我是神清氣爽的，腳踏實地的，也很自覺清楚，在那不遠處那更高更深的山裡，有一個值得繼續尋找的目標需要努力追求的方向，夢回現實，是一種貼心問心的經歷。

人在馬來西亞，熱情好客的早慧大姐太清楚我的喜好，除了在休假的日子親自驅車接我們去一嚐道地的炒粿條雲吞麵和柑橘水，午後時分流著汗在小攤販旁，熱辣辣凍冰冰吃喝得很是過癮，還刻意介紹我認識她的一位好友，既是室內設計師又是雨林保育項目策畫又是美食家的Lucy。坐在Lucy完工不久的工作室廚房裡，喝著她親手為我們弄的熱情果茶，談到明天將要到的山裡那雨林中的房子，談到明天將一起動手弄的那頓飯，叫人充滿想像和期待……

在吉隆坡東北三十公里的山裡，這個喚作Tanarimba的雨林保育項目是Lucy與建築師好友Patrick合作已經超過十年的一個事業。說得是事業，因為這裡占地約兩千八百萬平方公尺，從海拔四百六十公尺一直延展提升到一千四百公尺，當中有約五百七十平方公尺分階段進行低密度的開發，作為住宅、度假別墅、退休活動中心以及有機農莊和花圃，其餘的都永久保留作保育的原始雨林，只能徒步登山探訪這

裡種類豐富的動物植物。我們從吉隆坡市區外圍驅車過去，花了不到半個小時的車程，就到了山下的一個小村集，Lucy 帶我到這裡的水果攤買了好些鳳梨（菠蘿）、山竹、香蕉，挑了好些蔬菜，當中有一種葉片一面翠綠另一面紫紅的，很是好看。買來做沙拉涼拌最正點。

打從進 Tanarimba 的閘門，我就已經嘩聲連連，大呼不得了。下車在接待中心逗留片刻，被這有如教堂般簡約俐落的原木建築和通透採光給震撼住。接著沿坡路深入山裡，馬上感受到空氣的甜美沁涼，盈眼豐富的綠更是不在話下，路經一個用作接待訪客用的活動中心，歡聲笑語隱約在林間傳來。然後我們面前出現的是一種高架在山林間的住宅，正是 Lucy 的合伙人，建築師 Patrick 和夫人秀蓮新落成的房子。兩位主人客氣地把我們迎接入屋，我幾乎不敢相信我竟然有機會身處這樣的一個比作夢更作夢的地方。

站在相連開放式廚房的寬廣陽台上極目遠望，崇山峻嶺環抱，面前景色鬱秀，靈氣逼人。從來對風水和氣場這回事沒有什麼研究，但此時此刻站在此間，一切都無須解說自然明白。不同時代的人做不同的事，同一個時代裡不同年紀的亦在人生的航道上各有目標，有幸認識到這幾位前輩，以身作則地為我們未來的遊走和留駐提供了一些啟示。當我視失衡的營役作日常等閒甚至理所當然地以超速增壓透支為樂，以證實並鞏定自己在社會上的功能和位置時，冥冥中偏就是安排了我有這一趟機緣，在這山居裡親身經驗一個人間好夢的建築構成。

十年來 Lucy 和 Patrick 及一眾夥伴，從無到有，從「有」又再回到更自然更放鬆的「無」，一點一滴地積累，一方一寸地保育。我們利用午後的時間在山裡走動，到果園去看長得茁壯的眾多熱帶果樹，到有機農莊去看滿田滿壟的清鮮蔬菜，現採斑蘭香葉回去備餐。經過魚池、荷花池，遠眺 Lucy 的丈夫籌畫多年準備要興建的 dream house 的工地。我們固然可以用上一堆「幸福」「美滿」「和諧」「快活」等諸如此類的形容詞來描述這群山居裡的築夢人，但不妨更深入瞭解認識一下她們與

他們在這尋夢路上的取捨掙扎執著堅持，如何為自己人生的不同階段繪畫不同的風景。

傍晚時分，太放鬆太閒適的我才忽地記起這趟進山的「目的」，也因為有 Lucy 這位烹調高手作為堅強後盾，我的主要任務只是負責用斑蘭葉包裹好一條剖開處理好用鹽巴和薑擦洗乾淨的非洲魚。只見 Lucy 有條不紊地把各式蔬菜汆燙過作為涼拌，為丁香白切肉配上酸辣沾醬，隨即更不慌不忙地弄出一大盤牛油果（酪梨）松子醬拌義大利麵，輕鬆上桌，大家吃得不亦樂乎。當大家爭相添加 Lucy 早一晚就為大家準備好的南瓜番薯亞搭子薏仁糖水，正在廚房另一端的 Lucy 突然高聲呼喊：「來，快來看月亮！」

銀月如盤，在峰尖雲端跳脫露面，給世間有心賞月人帶來簡單又貼心的欣喜歡愉。雖說何夜無月何日無山林草木花鳥蟲魚，但大家有緣此間相見，山中一日世上打個折扣也有那麼幾百年。

## 熱情果香草飲（四人份）

材料：
百香果（passion fruit） 2顆
薑 6片
香茅（lemon grass） 3株
糖 少許

- 先將香茅切取莖末近根粗壯部分，與薑片一道放進鍋裡煮沸出味。
- 百香果剖開取果瓤，放進已熄火的香茅薑水中拌勻。
- 薄荷葉洗淨切碎放進泡浸。
- 加糖適當調味便可盛杯中待客。

## 紫色野菜涼拌

材料：
紫野菜 1把
檸檬汁 3茶匙
麻油 少許
芝麻 1湯匙
糖 適量

- 先將野菜洗淨氽燙過，切成2公分長，瀝乾備用。
- 以檸檬汁、麻油、糖拌成調料。
- 調料拌進野菜中，撒上烘炒過的芝麻便成。

## 丁香白切肉

材料：
去皮五花豬腩 250克
丁香 6粒

豬肉醃料：
紹興酒 1湯匙
鹽 1湯匙

沾醬：
檸檬汁 2茶匙
醬油 1茶匙
芝麻 適量
麻油、糖 各1茶匙
義大利陳醋 1茶匙
黑胡椒 適量

- 先將五花豬腩洗淨，以紹興酒及鹽醃上2—3小時，或先醃一夜。
- 把丁香放豬腩肉面上，隔水蒸75分鐘。
- 蒸好後取出待涼切薄片。
- 將沾醬調好，加入芝麻拌勻，豬肉加醬汁共吃。

## 羊角豆（秋葵）涼拌

材料：
羊角豆（秋葵） 20根

沾醬：
跟豬肉醬料共享

- 把羊角豆在沸水中氽燙3分鐘或隔水蒸5分鐘便可裝盤，澆上醬料即完成。

## 斑蘭葉烤魚

材料：
非洲魚（或其他海魚） 1尾
鹽 5湯匙
薑 5片
斑蘭葉 10片

- 將魚清洗取出內臟，洗淨，保留魚鱗。
- 以鹽把魚身內外搓抹數分鐘。
- 把薑片放魚腹內，魚身再加鹽及胡椒，以保鮮膜蓋好放冰箱中，醃約1小時。
- 把魚取出，以斑蘭葉捆包好，放烤箱中以220℃烤約20分鐘即成。

## 松子牛油果（酪梨）拌義大利麵

材料：
義大利麵 1把
松子 1/2杯
牛油果（酪梨） 1顆
橄欖油 4湯匙
鹽 少許
現磨黑椒 少許
羅勒葉 1束
蒜頭 1瓣
檸檬汁 1個

- 先將蒜頭以錫紙封好，放烤箱中烤約1小時，取出去皮後取蒜肉備用。
- 牛油果剖開取肉，放入攪拌器，加入洗淨之羅勒葉，烘炒過的松子以及橄欖油、鹽、黑胡椒、檸檬汁一起攪拌成醬汁。
- 義大利麵煮好瀝乾水分。
- 將醬汁拌進即完成。

## 亞答子南瓜番薯糖水

材料：
亞答子 20粒
南瓜 1小顆
番薯 2個
斑蘭葉片 2片
薏仁 1/2杯
糖 少許

- 把15碗開水煮沸，把薏仁及斑蘭葉片倒進煮半小時，加入南瓜、番薯後以中火煮半小時，待所有材料都煮軟，加入亞答子及適量的糖，煮10分鐘便完成。

# 恰同學少年

我們這些路過的遊人，
會驚訝某些已經是屬於
祖輩上幾代的事物以至味道，
竟然可以大致完好
有意無意地被保留下來。

碰到的認識的檳城人，
也都因此各自有了更細緻更多層次的生活敘述，
而交往下來談到飲食經驗，
都是眉飛色舞滔滔不絕的，
可見食物在這個充滿著人情迷結的社會關係裡，
始終扮演著一個重要角色。

三十年之後，我還在吃什麼喝什麼？

一個實在不敢輕易問自己的重量級問題，遠遠超出口腹之欲的八卦無聊。關於食物
的未來，指涉得其實關乎跨國政治經濟的相互制衡，交通運輸物流系統的更新開
發，耕種和養殖傳統與科技的取替互補，物理化學科學研究對傳統烹調的刺激啟
發，公共和私家餐飲空間裝潢的創意演繹，社會主流文化與次文化對飲食這個母題
的討論和實踐參與……所以我根本沒法預測十年後二十年後三十年後我和身邊一眾
還在吃喝什麼——即使我們理所當然認為那些從小吃到大的「媽媽做的菜」一定會
被千方百計地一代傳一代，給予尊重給予保留成為經典comfortfood，但我們也早有
心理準備一切可以下鍋的端得上餐桌的，都正在經歷天翻地覆的本質上的變化。簡
單如一碟豆腐，也得坦然面對從裡到外的預料中想像外的急遽變幻風景。對這不確
定的未來吃喝，可還是得抱著一個樂觀好奇的冒險心。

也許有人對我等把吃喝當成日常生活頭等大事實在不以為然，嚴厲者還會加以指責勸誡認為生命意義不該僅止於此。我倒是反覆認定飲飲食食是當代最大議題，從嚴肅認真重要如食物安全衛生、公平貿易食品、食物與碳排放與氣候變化種種問題，到有機飲食與當地文化的關係、全球快餐走向與慢食風潮崛起抗衡、傳統飲食風俗的傳承與前衛分子料理的實驗創新，即使到了純粹的感官味覺享受層面，都是大家最樂意關注最熱烈談論的。我義無反顧，你嗤之以鼻，也是正常社會裡正常不過的事。又或者說，你我在人生的不同階段中有不同的追求，主動的被動的各有先後，同桌吃飯，可以狂歡盡興可以眉目傳情可以深交結拜，但也可以不瞅不睬各自修行，這就更凸顯了吃喝這回事也是一個矛盾有趣的混合體。

檳城，歷史上本就是混和了多國族多文化游移流徙感情記憶的一個地方，更何況在這大半世紀以來，檳城以一個相對內斂緩慢的速度在微妙神奇地變化著。我們這些路過的遊人，會驚訝某些已經是屬於祖輩上幾代的事物以至味道，竟然可以大致完

好有意無意地被保留下來。碰到的認識的檳城人，也都因此各自有了更細緻更多層次的生活敘述，而交往下來談到飲食經驗，都是眉飛色舞滔滔不絕的，可見食物在這個充滿著人情迷結的社會關係裡，始終扮演著一個重要角色。

有緣結識揚泰和他的家人，更以嘴饞貪吃為最理所當然的藉口，登堂入室一嚐揚泰親自下廚混融東南亞口味的法式料理。一如過往每到一個新地方認識新朋友嚐試不同味道，我們的交往都從遊逛當地的菜市場開始，在層層堆疊成山的水果攤檔中，兩個本來互不相識的中年男子打開了話匣子，讓我得知這位曾經在法國經營餐館多年的前輩，其實有過一段波瀾壯闊澎湃激昂的青春日子。也因為這些被寫進史冊的事件，他遠離家人親友，幾經輾轉才在異地暫得安定，進入人生另一階段，嚐得不一樣的滋味。

揚泰當年在法國邊境Loren地區經營起本非自家專業的印尼餐館，而且幾年下來弄得有聲有色。因為生計，因為存活，要拼搏與懷抱夢想，要通過食物傳達文化訊息本是十分割裂的兩回事，但竟又讓揚泰在同一時間取得了平衡作了完美的實踐。難的是兩回身邊的妻兒都同甘共苦，一起經歷體驗這刻骨銘心的人生一頁。

所以在去國十多年之後終於再重踏故土，在檳城重新安頓，展開新一段旅程。這個階段的揚泰當然更穩重更坦然，下廚再也不是職業壓力，烹調成為日常生活興趣。我有幸在這個時候交上這位朋友，親嚐他前後花了十多個小時在家裡慢慢預備款客的美味，更在這典型的熱帶家居氛圍中，時空交錯連接起他輕描淡寫娓娓道來的昔日人事情景。恰同學少年，風華正茂，書生如他一步一腳印，人生邊上留下的又豈止是老饕遊食的足跡。

三十年之後，他方、異地、故國、本土，我們又在吃什麼喝什麼？

## 咖哩酥角

**酥角皮：**
麵粉　180克
奶油　150克
鹽　少許

**香料：**
芫荽（香菜）粉　3匙
小茴香粉　2匙
茴香粉　1匙
黃薑粉　少許（加色用）

**餡料：**
洋蔥蒜茸　5茶匙
咖哩粉　2湯匙
雞肉（切丁）　500克
馬鈴薯　2個
鹽　少許
黑胡椒　少許

- 以上4種香料拌勻，備用。
- 先將麵粉與奶油、鹽搓勻，太硬的話，加少許清水，搓好後放置備用。
- 以檊棍把麵粉圓檊成皮塊。
- 將馬鈴薯用水煮熟，切成細粒狀，與鹽、黑胡椒及香料粉拌勻。
- 爆香蒜茸及洋蔥，加入咖哩粉及雞肉，以小火略炒熟，備用。
- 馬鈴薯和炒好的雞肉混好，把皮放在手掌上，放入餡料，然後鎖邊。
- 開油鍋把酥角放入熱油中炸熟即成。

## 香料蝦

**材料：**
大蝦　8隻
蝦米粉　2茶匙

**汁料：**
薑　3片
南薑　2片
香芧　4根
紅蔥頭　4粒
辣椒粉　適量
蒜頭　1瓣
黃薑粉　1茶匙
椰漿　1罐

- 先把大蝦以鹽、黑胡椒及黃薑粉稍醃。
- 以大鍋熱油把大蝦走一走油，離鍋後撒少許海鹽，備用。
- 汁料材料先切細，起鍋後開始兜炒，加1杯蝦殼熬煮成的水，大火煮至水分開始減少，加1條香芧，倒入椰漿煮至濃稠。
- 最後以少許油，加1匙蝦米粉起鍋，將走油後的蝦略兜炒，然後與煮好的醬汁拌勻即可上菜。

## 綠醬檸汁烤鴨肉片

**材料：**
鴨腿肉　1隻
胡椒粉　少許
豆子　少許
海鹽　適量

**醬汁：**
紅蔥頭　5粒
蒜頭　5瓣
綠醬（金不換葉/蒜茸/橄欖油混合）　1匙
黃薑粉　少許
椰奶　少許
奶油　1小塊
鹽　少許

- 鴨腿以胡椒粉、豆籽及海鹽醃半天。
- 以油起鍋，把切碎的紅蔥頭、蒜頭及綠醬爆香，加進少許黃薑粉，然後逐步加進椰奶及少許鹽調味，煮至稠狀。關火後加進小塊奶油增香。
- 鴨腿放在預熱的烤爐裡烤焗約7分鐘，拿出後切片，以醬汁伴吃。

## 黃薑飯

**材料：**
蒜頭　1瓣
黃薑粉　1/4茶匙
白飯　2碗
椰奶　少許

- 蒜頭切細，先以油起鍋爆香，加少許黃薑粉兜勻，加進米飯一起炒。最後加少許椰奶增香。

## 蘋果派

**材料：**
餅皮（在超市買冷凍的即可）

**餡料：**
青蘋果　5顆
雞蛋　2顆
淡奶油或鮮椰漿（或各一半）　350克
原糖　4湯匙

- 青蘋果削皮去芯，然後切薄片。（可浸在水中一會兒以防變色）
- 餅皮在餅盤上鋪好，在預熱好的烤爐（180℃）先烤至半熟。
- 雞蛋打開，與淡奶油及糖拌勻成為餡漿。
- 蘋果薄片鋪好在半熟的餅皮上，然後倒進拌好的餡漿。
- 放進烤爐中，大概20分鐘便完成。

# 娘惹戀

看著陳列架中這些紋樣繁雜堆砌用色
有點俗艷的杯盤碗碟盅罐，
我甚至覺得同樣的娘惹食物
放在不同顏色的器皿中，
說不定也會吃出不同味道，

還是乖乖地回歸日常，
用比較平民化的藍白青花瓷盛載
吃得比較安心。

恐怕沒有人可以跟我好好解釋，為什麼伴著我們這一代長大的那些早期香港電視通宵播放的五六〇年代港產黑白粵語長片當中，會夾雜著那麼幾套拍攝於南洋年代更久遠、不知名男女主角說著馬來語的黑白電影。這些劇情鋪排中充滿嫵媚蛇蠍妖女、半裸純情王子、荒野山林怪獸，各自施展降頭巫術欲置對方於死地的妖異電影，用今天的說法，是cult片中之cult片。雖然是黑白畫面，但給年少的我視覺及心靈震撼，卻是七彩斑斕、挑逗誘惑糜爛至極。這夢幻鬼魅的殘舊電影中塑造的南洋，跟我自小從家裡餐桌上通過種種辛辣香料配搭而認識的南洋味道，竟有一種微妙又非必然的關係 —— 既像又不像，既親近又陌生，既迷戀又懼怕，如此這般隱身潛藏了二三十年，就像一場一直發不出來的感冒。

我的外公外婆都是印尼華僑，姨婆以及其他上兩代長輩們都先後在這二十年間離世了，家裡的南洋情懷和意象也愈見稀薄，唯一留下來的除了一度壓在老家客廳玻璃桌面下、已被我好好地洗燙後收折起來的手工蠟染沙龍布，還有就是那批已經變黃的外公外婆的早年照片。外婆年輕時是個標緻美人，和她的親妹妹我的姨婆一起在南洋的椰樹婆婆下，身著當地土生華人傳統服飾，真真就是我們今日在南洋土生華人博物館裡看到的當年婦女的穿著打扮。

廣義來說，由上幾個世紀開始，從中國內地移民到南洋的華人移民，與當地婦女通婚的後裔，都被稱作峇峇（Babas）。峇峇有時專指男性的土生華人，而女性土生華人就被稱作娘惹（Nyonyas）。這些土生華人主要分布在馬六甲、新

加坡、檳城和印尼,生活中的一些習俗和祭祀儀式,都直接承襲了明清時期的規矩,也結合了當地馬來人、印尼人以至印度人的生活方式,在歐洲殖民統治的幾百年間,這批土生華人的生活也格外地洋化。在這政治、經濟和多元民族文化的衝擊下,土生華人峇峇娘惹從日常服飾、語言談吐、家居布置、教育背景、社會地位、宗教信仰等方面都明顯地反映出一種博眾家之所成的特性。而最叫人印象深刻,亦是最為人樂道的,是峇峇娘惹的家常和宴會餐桌上的飲食,囊括了福建廣東沿岸各地區的傳統飲食特色及烹調技術,加上對馬來、印尼、印度、泰國等各國香料及土產的靈活應用,與一並納入殖民地統治者荷蘭、葡萄牙和英國菜式的特點,絕對是你中有我,我中有你的功夫菜。就在廣布南洋各地的峇峇娘惹的家家戶戶廚房當中,姑嫂妯娌、舞刀弄鏟、細切慢煮、七色八彩,匯聚發展出一個龐大複雜的美食系統,以香濃辛辣的味道抵擋因潮濕暑熱而滯味的同時,提醒呼喚著飄洋過海的家族男丁早日回家,也讓發掘人間美味的各地老饕們回味再三,從娘惹食物開始感受移動漂流中的娘惹文化。

我的外曾祖父迎娶的正是一個印尼Kapitan的女兒,如果要架構一個族譜畫一棵家族樹的話,那我的血液裡肯定流著幾十分之幾的屬於峇峇娘惹的辛辣香濃。自小被外公外婆寵著,從家裡的小廚房小餐桌吃到街外餐廳酒樓,遺憾的是在兩老生前沒機會同他倆回南洋老家再走一走,沒法親眼目睹兩老與當地食物和食材因思念而無限放大的親暱關係。幸好外公愛吃外婆愛下廚,我這個外孫得以升格同桌共食,所以有那麼十樣八樣娘惹菜經典確實在我家餐桌上出現過,如酸甜清香的阿扎魚、濃重

肥膩的醬油（豆油）燜肉、鹹香撲鼻的鹹魚頭咖哩、湯鮮味足的福建蝦麵、酥脆蔥味的五香炸肉捲，以及用上椰漿、斑蘭葉、椰糖調味的木薯（樹薯）黏米或者糯米娘惹糕，都是我小時候的至愛。也因這些菜式和味道有別於身邊朋友的日常口味，即使不讓我自感優越，也肯定自封異類。

可是自從外公外婆以及帶大我媽媽舅舅還有我們兄弟妹幾人的老管家離世之後，家裡廚房的南洋娘惹味就幾乎畫上句點。因我的強烈要求勉強會在一年裡出現一次的、只剩下同樣花工費神的福建薄餅（春餅），這跟外公祖籍福建金門有關，說來又是另一個味覺故事。這戛然中斷的美味關係，直到數年前的一趟馬六甲之旅才得以重新延續。在那好幾家門面室內依然是盡量保留著昔日繁華架勢的娘惹大族老宅裡，人去樓未空，轉型為餐館後進門的都是外來希望一嚐娘惹菜真正滋味的食客。我在昏黃的燈光下拿著餐牌對照菜名和附圖，點了好幾樣似曾相識的菜式，吃來依稀有點印象和感覺，但卻還是沒有那一種就是他、就是她的久別重逢喜悅之感。

不吃還好，吃了更加納悶惆悵。冷靜下來細心想，這也恰好就是娘惹菜的特點吧。各地各家包括每一個人口味都會有所不同，馬六甲的跟新加坡的娘惹菜也許較接近，但跟檳城甚至印尼棉蘭的就很不一樣。即使是同樣的蝦膏（峇拉盞）、蝦米、黃薑、香茅、檸檬葉、辣椒、椰漿、椰糖、斑蘭葉，都因為不同的手勢不同的輕重拿捏而有落差變化。就如在新加坡的土生華人博物館 Peranakan Museum 裡看到的娘惹彩瓷，粉藍配蘋果綠、湖水綠撞粉紅、紅綠釉又與明黃一起，各大富裕家族各因自家用色喜好甚至只是討個意頭，不惜花重金遠在景德鎮、日本以至歐洲訂製只此

一家的彩瓷。在婚禮、生日、周年紀念和華人節慶的重要場合中才珍而重之地拿來應用。看著陳列架中這些紋樣繁雜砌用色有點俗艷的杯盤碗碟盅罐，我甚至覺得同樣的娘惹食物放在不同顏色的器皿中，說不定也會吃出不同味道。還是乖乖地回歸日常，用比較平民化的藍白青花瓷盛載吃得比較安心。

兜兜轉轉，我的檳城好友終於知道我原來一直有著娘惹菜的情結，二話不說，先是帶我來一個暖身，到一家當地的娘惹糕生產工廠走了一圈，見識到這種本來只在家裡小規模慢慢手做的節慶糕點是如何發展為作坊大量生產的日常點心。也順路經過一個熱鬧的熟食攤，目睹年輕攤主夫婦如何在十分鐘內擺放好一個堆滿三四十種不同鹹甜蒸炸糕點的攤子，熟練應付早已大排長龍的客人。我把那用了椰漿和椰糖調味（也應有一丁點鹽）、斑蘭葉染色、糯米和黏米作料的其中一款甜中有鹹的娘惹糕放入口中，那種熟悉的、真正的、屬於童年家裡那個擠迫小廚房的一種味道忽然回歸。

風乘火勢，好友隨即把我帶到一家喚作 Nyonya Breeze 的小餐館。有別於一般娘惹餐館都用上大量舊磚地板、舊吊扇、舊家具和海報去打造室內氣圍，高檔的連餐具也用上疑似彩瓷古董，但 Nyonya Breeze 這裡的裝潢卻真的是簡單素淨得可以，分明是另一種不吃裝潢只吃味道的經營原則與態度。迎上來的是笑容滿面的店主 Auntie Rosie，大半生從事花藝工作的她，自小就跟外婆和媽媽學得一手娘惹好菜，幾年前終於在一班貪食好友的慫恿遊說下開了這家小店。本來只是試試看，把自己在家裡愛吃的煮出來分享一下，怎知一開業就引來一群老饕，叫好叫座，變為城中再也守不住的祕密。只見一盤又一盤沒有花巧擺飾賣相的涼菜熱菜端上來，看來簡單，但一入口就知道這絕對是多年廚房功力的一種演練，所有的繁複仔細都得以精準妥善保留，舉重若輕順手拈來，叫客人吃得輕鬆自在如在家裡，這可是一種發自內在的魅力，一種無法強求的高超境界。廚中忙完，邀得 Auntie Rosie 同桌一邊吃一邊聊天，從她過去在家裡廚中如何學藝到她幾十年經營的花店到現在身邊有志繼承娘惹菜傳統的年輕徒弟，我深深地感到當一個人對她（他）的味覺根源是如此地珍惜尊重時，會想盡方法傳承保留而且與眾分享，這樣就能活得更踏實，更有自信、神清氣爽。

當 Auntie Rosie 謙虛地問我這一桌飯菜味道如何，我怔住了十來秒，需要深深呼吸才能吐出這由衷一句：「這真真就是當年我在家裡吃到的老好味道，感激感動之至，我，我能有幸來做個小幫工在廚中跟你拜師學藝嗎？」Auntie Rosie 聽了哈哈大笑，「好，什麼時候來？每個菜都可以教你做，不過事先聲明，三餐包吃，工資就不發了，捐給慈善用途。」

好一場魂牽夢縈的娘惹戀，來到今日竟然有幸得到 Rosie 師傅口頭承諾收我入廚為徒。尋根一頁翻開，更精彩的還在後頭。

## 01阿扎酸菜 Acar Awak

- 先將黃瓜、紅蘿蔔、高麗菜、長豆、四季豆等等蔬菜放入鍋裡煮沸並於加入醋的水中煮約1、2分鐘，取出瀝乾水分備用。
- 將蔥頭、蒜頭、蝦醬、黃薑、南薑、辣椒、香茅等材料春碎，以油爆香，加入調了鹽糖的白醋拌勻，盛起待涼。
- 拌入煮熟瀝乾的蔬菜中，再加入香炸紅蔥頭碎末拌勻。
- 倒入炒香的花生碎末及芝麻拌勻即成。

## 02西念豆巴拉武 Kerabu Kacang Botol

- 先將西念豆洗淨，盛起瀝乾水分，然後切段備用。
- 將紅辣椒、朝天椒、烤過的蝦醬粉春爛，加入酸柑汁和糖，將製好的醬拌入切片的紅蔥頭、切片的蝦仁以及炒香的鮮椰絲，加入酸柑汁、少許糖與西念豆拌勻即成。

## 03魷魚沙葛（涼薯）生菜包 Jiu Hu Char

- 先起油鍋爆香蔥茸，加入乾魷魚切絲炒香，然後放入調味料（蠔油、魚露、白胡椒粉），微炒後加入五花肉絲、沙葛絲、紅蘿蔔絲、高麗菜絲、香菇絲，慢炒至汁液收乾便成。吃時以生菜包裹，並加入已將紅辣椒、朝天椒、蝦醬春爛，並加入酸柑汁和糖拌成的沾醬共食。

## 04阿扎魚 Acar Hu

- 將魚片煎炸至香脆，瀝乾油分備用。
- 白醋與鹽糖加熱至溶解，加入魚片醃浸。
- 起油鍋將黃薑片炒至油變黃色，取出黃薑片，再放入薑片與蒜頭爆香，收火後加入已醃浸的魚片，撒上少許烤好的芝麻即可（放隔夜更入味）。

## 05甲必丹雞 Kapitan Chicken

- 燒熱油鍋爆香已春爛的紅蔥頭、蒜頭、香茅、南薑、辣椒乾、蝦醬、黃薑，然後加入雞腿肉微炒，再加入鮮濃椰漿、水與洋蔥碎末煮至汁濃雞熟，最後加入鹽和糖調味再加入香炸紅蔥頭便成。

## 06炒參巴椰漿蝦 Goreng

- 先將茄子切片泡油至軟，撈起瀝油備用。
- 以香茅碎末及蝦醬水起鍋，加入羅望子水、椰奶及糖，放入去了殼之蝦肉煮熟，並將茄子放入拌勻，上菜時加上炸過的腰果、蒜片及紅蔥頭片便可。

## 07蝦醬炒豬肉 Hey Ya Kay Char Pork

- 五花肉炶熟切片備用。燒熱油鍋加入鮮蝦醬，再將五花肉放入兜炒，然後將羅望子水，鹽糖一併放入，慢炒至汁液收乾，起鍋上菜時撒上青紅辣椒片，炸蒜片和炸紅蔥頭片便成。

## 08鹹魚豆腐湯 Kiam Hu Kut Tabu T' ng

- 鹹魚頭骨洗淨泡水瀝乾，放油鍋加薑片爆香，再加入五花肉片兜炒，轉入鍋內加水煲約2—3小時，湯好後加入豆腐，盛碗時撒上蔥花即可。

## 09涼拌野菜飯 Nasi Ulam

- 先將蝦米及鹹魚切細炒至乾香，加入烤過之蝦醬粉，炒香的鮮椰絲和涼飯一起拌勻，後再加入切細的山香、沙薑葉、檸檬葉、黃薑葉、紅蔥頭片、炒香的椰絲、香茅，仔細拌勻後即可上菜。

## 10番薯黑眼豆香蕉糖水 Pengat

- 番薯、芋頭切塊蒸熟備用。以水煮軟黑眼豆後加入斑蘭葉及糖煮成甜湯，加入番薯和芋頭共煮，再加入椰漿和香蕉，煮軟後可盛碗。

01

06

02

07

03

08

04

09

05

# 喜樂分享

捧著一大籃食物走進她偌大的廚房，
一邊聊天一邊把晚餐要用上的材料都一一處理好，
Tara也進進出出的，
一眨眼竟然就幾個小時。

能讓一個「陌生人」在廚房裡「搗亂」，
這也該是一種很神奇的信任，但也正因如此，
我倒是信心滿滿也竭盡所能地把我對新加坡的感覺，
把我對素食的認識，把我對緣分的理解，
一一奉上。

如果我還是十多年前那個站在新加坡唐人街牛車水市集旁邊，皺著眉覺得身邊一切都太規矩太乾淨太不像傳統菜市場的傢伙，如果我還是先入為主地認定自己的粗糙無序才是「自然」才是「大氣」，繼而排斥一切設計與修飾的話，我是沒辦法進入新加坡那經過好幾代人的艱苦努力才達至完善齊整的生活空間和情感氛圍的，而這固執堅持的結果就是：可惜！

其實我是那種很容易就墜入一見鐘情陷阱裡的人，但我第一次跟新加坡的邂逅，是因為從歐洲回香港的航班臨時要在新加坡停留一晚，完全在計畫之外。這簡直就像一個一向在泥地打滾滿身髒土的小孩，忽地硬被拉進一個清潔衛生甚至消過毒一塵不染的潔白空間裡，心情虛怯忐忑，手腳不知往哪裡放。所以為了保護自己，就本能地築起了一道牆，且借來人家的成見，令這一見沒能鐘情。幸好也只是逗留一晚，在次晨的驟雨中急急走人，沒時間再加深誤解。

之後是一段長達十年的「空窗期」，雖然曾有很熱心慫恿我移民當地的新加坡親戚，也有一位認識多年的新加坡漫畫家兼多元創作老友Johnny，但這緣分一直未到，沒有碰擊也沒有火花，只能靜默。

終於來了一個機會，三年前老友Johnny邀請我參與一個由他籌畫、亞歐文化協會主辦的國際漫畫工作坊，十二位漫畫家來自比利時、捷克、芬蘭、法國、菲律賓、印尼、日本、荷蘭、越南、波蘭、韓國和香港，第一次大膽起用了「移民」這個題材，舉行了長達兩個星期的工作坊，每人要完成一個短篇漫畫作品。一路密集碰撞交流，特別是在新加坡這個多民族多元化的環境氛圍中，正負能量同時發放，協調矛盾相互作用，叫我這個「局外人」忽然身處其中，開始認識理解新加坡政府與新加坡民眾是如何一步一步從當年走到今日，如何處理個人身分本位的確立和開放包容的集體意識。

兩個星期過去，我畫的是一個神話傳說式的故事。一個嘴饞愛吃的五人家庭，在自家富饒豐足的環境裡活得吃得不耐煩，朝夕幻想冀盼吃到新奇食物，最後召開家庭會議決定移民他鄉。由於不曉得路途有多遠，他們攜帶了大量精心烹調好的食物，甚至把廚房和倉庫裡剩餘的食材以至會下蛋的母雞都帶上船上。途中歷經風浪與劫掠，終於在彈盡糧絕之前到達了彼岸。這個從未踏足過的新奇地方有著與家鄉截然不同的天氣、地貌與動植物種，一輪水土不服之後，一家子也開始適應彼邦生活，攜來的種子在這異國土地上長出不一樣的果，連雞下的蛋也都大小有異。聰明而努力的一家人，用自家種植的農作物和飼養的牲口作為食材，開設餐館為當地人提供新口味 —— 餐館一炮而紅萬人空巷財源廣進，可是這家人又開始懷念起家鄉的味道，而最重要的是一家五口都知道，久居此地是永遠也嚐不到回憶中的好滋味的，他（她）們得繼續上路，且各散東西南北，為自己的過去、現在和未來打開通道 —— 當故事大綱想好，初稿草圖完成，我很清楚知道，如果我不是身處新加坡、周遭來來往往的人不是來自這麼不同的文化背景，我是不會畫出這樣一個漫畫故事。

就從那個漫畫工作坊開始，我來往新加坡的機會和次數開始頻繁起來，原來不在我日常航道上的這個地方，逐漸成了我關注的所在。我們時常會誇張放大了自己的喜惡，形成許多不必要的偏執，口口聲聲要開放包容，但其實自以為是目中無人，如此這般折騰了好些回合，機緣巧合才勉強有些許自省和領悟，而我的領悟往往又從這些異國遠方的所在地食物滋味而來。在新加坡各個不同民族生活聚居的街巷，你可以吃到最道地的印度咖哩、印尼沙嗲、馬來雜燴、華人家鄉口味，以及早就混搭成獨特格調的土生華人娘惹菜，還有愈見百花齊放的歐美菜式，特別是在那十分平民大眾化的由室

外小吃攤與排檔演變而成的室內熟食中心裡，同一屋簷下可以品嚐到來自五湖四海的千滋百味，集中體現這個移民社會在飲食選擇上的開放和包容。

一次又一次或短或長在新加坡的遊走探訪，從當地旅遊局刻意安排的七十二小時誇張密集不停口的美食之旅設計之旅，到個人自由懶散在街頭在公園在畫廊博物館，和藝術學院的學生、各領域的創作人見面詳談後，之前對這裡的偏見逐漸消除，認識瞭解與日俱增，特別是老友 Johnny 介紹我認識了與他情同兄妹的印度籍好友Tara，我又自告奮勇要為茹素多年的 Tara 準備一頓有新加坡各民族特色的素菜晚餐——我就更具體更實在地進入完整的新加坡一天的生活。

大清早出發到華人聚居區域的中峇魯市場，在那管理整潔有序的攤位裡分別買來生鮮蔬果食材，又再跑到熱鬧擁擠繽紛七彩的小印度區裡去找我需要的香草和香料——畢竟這是新加坡食物給我最大的啟發，通過這些刺激味蕾以至感官的新鮮香草和研磨處理妥當的香料，更能讓好奇昇華，想像重組當年各個族裔跨越千山萬水移民至此，既以廚房裡一直沿用的熟悉調味來維持與家鄉的親情關係，又大膽主動地嘗試只在此熱帶環境氛圍裡才生長出現的味道。如果我們籠統地把這稱作緣分，人與人、人與物、人與自然與人工的環境，都在這緣分的光環下互動，貫通過去現在和未來。

來自一個祖輩營商的印度富裕家庭的 Tara，初相識就給她所散發出的正面能量強烈感染。自幼聰明伶俐的她年紀輕輕就接管家族生意，但也很早就意識到她需要追求的是更大的自由與平靜。Tara 的父母都是虔誠的印度教教徒，從來就在家裡設置的廟堂裡誦經，Tara 信奉的卻是藏傳佛教，近年更完全從家族生意的權力中心退出，全力參與信仰與教育的事務，進入了人生另一個更積極更喜樂的狀態。

來到她剛剛翻新竣工位處高尚優美環境的大宅，原來這是她從小居住的社區。從過去四野荒涼發展至今天的成熟完備，也跟一個人如何成長和修養自己有關。捧著一大籃食物走進她偌大的廚房，一邊聊天一邊把晚餐要用上的材料都一一處理好，Tara 也進進出出的，一眨眼竟然就幾個小時。能讓一個「陌生人」在廚房裡「搗亂」，這也該是一種很神奇的信任，但也正因如此，我倒是信心滿滿也竭盡所能地把我對新加坡的感覺，把我對素食的認識和對緣分的理解，一一奉上。更何況，飲飲食食本來就是一種分享。

## 胡椒雜菇白蘿蔔湯

材料：

| | |
|---|---|
| 白蘿蔔　1個 | 乾冬菇　5個 |
| 秀珍菇、鮮白菌菇、 | 白胡椒　4湯匙 |
| 鮮冬菇　各10個 | |

- 把乾冬菇先以清水浸軟，雜菇沖洗一下，白蘿蔔洗淨後切大塊，半鍋清水煮沸後把材料放入，約煲45分鐘後即成。

## 鮮橙蘇打凍飲

材料：

橙　5顆
薄荷葉　1束
蘇打水　2罐

- 先把鮮橙榨汁，跟蘇打水拌勻，再加上薄荷葉點綴。

## 優格青瓜沾醬

材料：

| | |
|---|---|
| 小黃瓜　2條 | 鹽　少許 |
| 優格　1盒 | |
| 薄荷　4片 | |

- 把小黃瓜及薄荷葉搗碎，或以攪拌機搗成茸。
- 跟優格一起拌勻，加少許鹽作調味便成。

## 豆豉/薑炒苦瓜

材料：

| | |
|---|---|
| 苦瓜　2個 | 油、鹽、糖　適量 |
| 薑　6片 | |
| 豆豉　3茶匙 | |
| 鮮椰子絲　2匙 | |

- 以油起鍋，把豆豉炒香，放入切了薄片的苦瓜一起炒。
- 再加入切了絲的薑一起兜炒至熟，加鮮椰子絲及調味料後便成。

## 加多加多雜菜涼拌

材料：

| | |
|---|---|
| 印尼Gado Gado 醬料 | 青檸檬　1顆 |
| 磚　1包 | 炸豆腐粒　適量 |
| 通心菜　500克 | 蝦片或印尼 |
| 豆芽菜　250克 | 豆餅　各10片 |
| 高麗菜　1/2個 | |
| 水煮雞蛋　3個 | |

- 先將印尼Gado Gado醬料磚用手捏碎，用熱開水把醬料調開，加進1顆青檸汁增添酸香。
- 燒熱平底鍋，不必加油，烘脆已炸好的豆腐塊。
- 燒開油鍋炸好豆餅及蝦片，以廚紙瀝油。
- 將高麗菜切絲，通心菜洗淨只取葉片，豆芽菜洗淨，燒開熱水，先後將幾種蔬菜稍稍燙過，撈起後再浸進冰水一會兒後以廚紙拭乾，連同所有材料：炸豆腐、雞蛋、蝦片、印尼豆餅置於大盤中，沾醬置於中間，吃時再自行澆上。

## 咖哩馬鈴薯

材料：

| | |
|---|---|
| 黃薑粉、黑芥末籽、 | 馬鈴薯　4個 |
| 咖哩葉、乾辣椒、 | 西紅柿（番茄）　3個 |
| 紅辣椒粉、香菜粉、 | |
| 羅望子汁　各3茶匙 | |
| 椰子奶　200克 | |
| 洋蔥　1個 | |

- 將馬鈴薯洗淨，削皮，切塊。起油鍋，放少許油，把黑芥末籽、香菜粉、咖哩葉及乾辣椒爆香，加入洋蔥兜炒，然後倒進馬鈴薯一起煮一會。加1碗清水繼續煮，下半匙黃薑粉作調色用，中火慢慢煮至馬鈴薯軟嫩，可加少許鹽調味。再把切好的3個西紅柿加入一起煮大概10分鐘。最後再以羅望子汁調味。

## 咖哩炒飯

材料：

| | |
|---|---|
| 內有黃薑粉、肉桂、丁香、 | |
| 黑胡椒粒、乾咖哩葉的香料包　2包 | |
| 印度米　1杯 | 芫荽（香菜） |
| 腰果　20粒 | 海鹽　少許 |
| 紅蔥頭　10粒 | 橄欖油　適量 |
| 紅辣椒　1條 | |

- 白米洗淨，用作煮飯的水加半匙黃薑粉混和一起煮，飯熟後轉極小火繼續保溫。
- 將紅蔥頭去皮洗淨切絲，以橄欖油用中火炒至金黃。加進乾咖哩葉、肉桂皮、丁香、黑椒等香料繼續炒至香氣滲出。下鹽調味，然後與煮好的米飯拌勻。
- 最後上碗前撒上已烘製過的腰果。

## 南瓜米糕/香蕉米糕

材料：

| | |
|---|---|
| 南瓜　1/2個 | 小茴香　數顆 |
| 或香蕉　3條 | 麵粉　3大匙 |
| 紅糖　2大匙 | |
| 椰漿　1罐 | |

- 先將南瓜洗淨，去籽，切成小塊，然後隔水蒸軟至熟。（香蕉需時稍短）
- 以小火將椰漿煮熱，放入採開果殼的小茴香，待香氣滲出後，把小茴香撈走。
- 在煮開的椰漿中放進煮軟的南瓜茸，以調匙把南瓜茸與椰漿拌壓至稠狀，同時可加紅糖調味。
- 加入篩過的麵粉不斷拌勻，以增黏固。然後放入小杯中待涼，再放進冰箱半小時。

# 直上天堂・往返人間

也許我早就對「人定勝天」的說法和作法不以為然，
倒是樂意在這天地人的永續矛盾中
不斷地為自己的渺小找到還算不至於太難堪的安放，
也更接受這眼前的享樂都是過眼雲煙——

即使有吾友Sin Sin慷慨地
給了我一個很大的入住折扣，
以我的日常收入也只能在這裡逗留暫住數天，
親近天堂也得有真金白銀的付出。

香港九龍，旺角地下鐵往中環方向月台。

作為一個九龍區最多來客進出的中轉站，每日從清晨到深宵的十八九個小時之間，十多萬人次在這裡先後進出往來並不誇張。作為其中一分子，每當抬頭看到站台扶手電梯前懸下的一個亮眼燈箱告示，上書「直上大堂」四個大字，我都下意識地把它讀作「直上天堂」，還自認幽默的暗暗發笑，彷彿這不到五十秒的扶手電梯之旅，確實會把我從緊湊的沉重的繁瑣的反覆的日常生活剎那提升到一個輕巧的閒逸的未知的叫人冀盼的異地，那個地方叫天堂——雖然現實裡是更擁擠更喧鬧更多事故的大堂。

峇里島，Kerobokan，Kuta，吾友 Sin Sin 的度假別墅。這是我頭一趟到峇里，之前幾天已經在渡假飯店靠海的和山裡的兩所 resort 中度過了有生以來最私密也最開放的幾天（說得清楚一點也只不過是在深宵夜半與晨光熹微中於私家小泳池裸泳而已）。人在一個身心都舒坦的天真自然狀態中，準備迎接的是什麼輕的重的也不打緊。然後就走進這位於鄉間小路盡頭，一片連綿稻田當中的五星級私宅。那早就在看網站照片時已經叫人眼前一亮，由義大利建築師 Gianni Francione 受委託設計，貼近地平線的傾斜屋頂結構忽然出現在咫尺之間，不由得再深深吸口氣驚嘆一聲，這，這難道就是天堂？

## 親近峇里 —— 斗室之旅的修煉

把峇里喻作人間最後一片淨土，人世上最接近天堂的地方，是眾多峇里旅遊指南書刊和遊記文章中最慣常也最吊詭的形容。叫人不禁懷疑這一度勝似天堂的樂土，經過了幾百年來一波又一波所謂的文明和商業的現實洗禮，究竟還殘存多少天堂的素質？就如我在光脫脫地痛快裸泳之際，也不禁為平日慣性的自我努力包裝堆砌的愚昧而羞愧，我們在目前追求的一切精準細緻、一切突破創新、一切文化的融會碰撞，究竟有多順從或是違背大自然的本來安排？也許我早就對「人定勝天」的說法和作法不以為然，倒是樂意在這天地人的永續矛盾中不斷地為自己的渺小找到還算不至於太難堪的安放，也更接受這眼前的享樂都是過眼雲煙—— 即使有吾友 Sin Sin 慷慨地給了我一個很大的入住折扣，以我的日常收入也只能在這裡逗留暫住數天，親近天堂也得有真金白銀的付出。

入住 Sin Sin 這三幢 Villa 中最緊貼稻田的一組，一端是兩間客房相連的建築，中間有
偌大的草坪和弧型泳池，另一端是起居客廳相連飯廳廚房和閣樓書房的另一建築。
四周有高聳的椰樹棕櫚樹，還有芭蕉和其他花木圍繞。矮矮的籬笆外就是村裡的稻
田，禾苗正在挺拔成長，綠的刺眼。孩童在學校下課後，牽著用黑色塑膠手工自製
的風箏，赤腳走過田壟，嘻哈歡聲不絕——我作為一個從天而降的外人，心地善良
相貌普通，大抵不難融入這祖祖輩輩務農直到近幾十年才對外開放的熱情好客的人
文生態環境中吧。

按捺著對 Villa 以外自然和人文風景的陌生好奇，我首先好好地待在「室內」——哲
學家巴斯卡在《沉思錄》中有過這樣一句——「人不快樂唯一的原因就是，不知如何
靜靜地待在自己的房間」。所以我們這些緊張兮兮的旅人，如果能夠在入住的旅館
室內待上一段時間，也算是一種斗室之旅的修煉，更何況這裡本就是一個露天的開
放的自給自足的空間。

我在清晨五點起床，在涼亭的臥床上在幽微的晨光中開始閱讀，在大太陽開始炙痛
皮膚之前已經（有穿泳褲的）游了超過三十分鐘的晨泳，在廚房裡拿著筆記本記錄廚
師和助手們烹調早、午、晚餐的每一種食材與每一個步驟；偷偷跟在一天數回在別
墅每一角落捧花酬神的女侍者身後，靜觀其簡單而又虔誠莊重的對眾多神祇的禮拜
儀式；在客廳的溫軟沙發床上，在不知何處飄來的 gamelan 印尼傳統敲打樂聲中，
昏昏睡去又幽幽醒來，還有趁著午後陽光沒有那麼毒的當下，光著身子懶臥在泳池
旁的躺椅上好好地為自己的蒼白添加一些健康的膚色。自知這暫借的奢華時光有
限，優柔的同時亦亢奮著，在這室外室內一體的空間裡，我嘗試以點滴片斷累積疑
似身處天堂的感受和經驗。

也因為這樣懶懶地慢慢地虛虛實實地度過一天又一天，直至第三天，幫忙 Sin Sin 打點管理這 Villa 的聰明伶俐女子 Komang，就慫恿我和她一道往半小時車程外的峇里島上最古老的傳統菜市場 Pasar Borong Kota Denpasar 一逛，還微微一笑說我一定會有收穫，對這我倒一點也不懷疑。當我們驅車從鄉郊駛入市區再把車停泊好，遠遠遙望那樓高三層的褐紅色二十世紀六七○年代樣式的建築，身邊開始出現往市場正門推移的人群，種種吆喝叫賣的聲音漸漸入耳。我忽地察覺這是一趟從私密天堂折返人間之旅，而身處當中所激發的無窮喜樂，其實對饞嘴好吃如我輩，未嘗不是另一個天堂經驗。

結果我是被真真正正地震撼到了，偌大的三層菜市場大樓中，先是花檔菜市、魚市肉市的一層，再是粉麵米糧乾貨、香料、油鹽醬醋調味的一層，再上就是所有日用雜貨、衣物、家用小電器等攤販匯集在最頂層。生平前所未見的食材舉目皆是，蔬果豐盛繁多，堆疊如山嘆為觀止，再一次叫我肯定這是進入人家生活文化的最直截了當的方法。而這個市場不僅向顧客提供本地最齊全的乾濕大小食材，更有一項對我來說極為新鮮的傳統服務。

一批健壯勤快的大姐為顧客著想，負責替大家把在各個攤位買來的食材放進頭頂的籮筐中，眼看負重已經超過我們這些常人的能耐，大姐們還是腰桿筆直談笑風生

的，所謂舉重若輕大抵在這裡有了最佳示範。當我們把一整籮筐買來作午餐及晚餐的食材放進車箱裡，付過大姐一點小費，她也微笑著向我們揮手道別，我就更體會到這買賣交往中存在著一種簡單純樸的人格特質，各盡其能各守其分，平實地快樂著，這也正是我們著力保留種種當地原本文化生活傳統的目的和意義。

回到 Villa 裡稍事休息，準備好心情進入廚房邊學邊問邊做。廚師 Made 和幾位女助手們早已把小小的廚房料理台清理得整齊乾淨。剛買回來的香料如香茅、黃薑、南薑、檸檬葉、辣椒、蔥頭等等，就那麼簡單一放像極了一幅又一幅的靜物畫。雖然我們打算做的只是幾道簡單的峇里傳統家常菜，但從自製Sambals調醬開始，洗的洗，切的切，剁的剁，磨的磨，倒真的耗時費勁，順序先後不容有誤。而種種道地食材如 Krupuk Melinjo 乾壓豆餅，半發酵含有豆粒的Tempeh 豆乳餅，香甜潤滑的棕櫚糖漿，清香四溢的斑蘭葉，形狀奇醜的檸檬葉都在眾人熟練的烹調手勢技法下從原材料演化成各有特色各自精彩的道地美味。我心癢手癢地不甘站在一旁抄寫筆記，冒著壞了一鍋粥的風險，大膽要求

參與其中，即使只是做些切切剁剁的工夫，也算盡了一點點力。就這樣說說笑笑的大夥也舞弄了好幾個小時。從前菜的炸豆餅、金黃玉米餅，到加多加多雜菜涼拌，主菜的烤雞肉沙嗲、香茅咖哩雞、炒野菜，以及甜品煎香蕉和椰絲薑餅都一一登場亮相，配上三五種精研細磨慢煮的調醬，大夥在餐桌前安樂坐下，我已經迫不及待地來回品嚐，讓味覺引領進入這充滿香草香料搭配滋味的刺激活潑想像的峇里飲食文化傳統中。更難得有廚師在旁詳解他從小吃到大的種種食材和菜餚的來龍去脈，飲飲食食不只求飽肚，絕對是心靈的一種富足。

一餐兩餐三餐，午餐、晚餐、早餐，吃呀吃的我們開始有點放肆地要求廚師為我們準備一些更花工夫的，較少為一般客人烹調的菜式。越瞭解認識峇里以至其他印尼地方菜系的博大複雜，一如印尼這千島之國的氣候、地理、民俗、宗教總給人難以完全瞭解觸摸的好奇神祕。單單一個峇里島，從沿岸優美的沙灘到陡峭的火山口原始林區，雖說只是兩三個小時車程的距離，但當中跨越不同的自然河川地貌、耕作時序種類、民生風俗習慣，都在微妙的差異中衝擊互補。而我作為一位路過的，一念天堂一念人間，兩端往返來回，痛快之至，早就不該蠢蠢地反問自己旅行的目的和意義了。

## Sambal 沾醬三種

### a. 酸香口味：

| | |
|---|---|
| 香芽 2根 | 鹽 少許 |
| 紅蔥頭 3個 | 食用油 適量 |
| 朝天椒 1根 | |
| 乾蝦膏 1小塊 | |
| 青檸檬 1/4個 | |

- 將香芽、紅蔥頭及朝天椒切碎，加入鹽及蝦膏用火稍為燒熱至有香味，與材料拌勻，把油加熱後倒進拌好的材料中，再把青檸汁加入拌勻。

### b. 甜口味：

| | |
|---|---|
| 蒜頭 1瓣 | 鹽 少許 |
| 朝天椒 1根 | 食用油 適量 |
| 紅椒 1根 | |
| 乾蝦膏 少許 | |
| 原糖 少許 | |

- 將所有材料磨好拌勻，把油加熱，倒進磨好的材料中。

### c. 辣口味：

| | |
|---|---|
| 蒜頭 1瓣 | 橄欖油 適量 |
| 朝天椒 5根 | |
| 乾蝦膏 少許 | |
| 原糖 少許 | |
| 鹽 少許 | |

- 將所有材料磨好拌勻，把油加熱，倒進磨好的材料中。

## 豆乳餅

- 在當地市場買的Tempe Murni豆乳餅，以新鮮蕉葉包著半乾濕的白色豆磚，切成條狀，放在熱油中炸熟，便是一道可口的餐前小吃。

## 玉米餅

材料：

| | |
|---|---|
| 玉米 4根 | 朝天椒 2根 |
| 雞蛋 1顆 | 麵粉 1.5匙 |
| 芫荽（香菜） 1束 | 鹽 少許 |
| 蒜頭 3瓣 | |

- 先將蒜頭、朝天椒、芫荽切細，在石磨裡研細，加入玉米粒，打入1顆雞蛋，拌勻後，以乾芹菜葉碎及少許鹽調味，然後逐漸加入麵粉調勻至稠，以小匙放入燒熱的油鍋裡炸。

## 加多加多印尼雜菜

醬料：一般可在東南亞食品店現買花生磚，以開水調勻用，印尼人多自家現做。

| | |
|---|---|
| 烤花生粒 適量 | 朝天椒 1/2根 |
| 原糖 適量 | 甜醬油 適量 |
| 蒜頭 1瓣 | |
| 紅辣椒 1根 | |

- 把所有材料研磨至細（甜醬油除外），加入半杯水、少許鹽，拌勻，鍋中燒熱少許油，調料加入甜醬油，慢火煮至稠狀。
- 蔬菜包括：馬鈴薯、萵菜、菠菜、豆芽、豆腐泡、豆乾、水煮蛋。把所有蔬菜以熱水煮軟。
- 上菜時加入炸豆餅或蝦片，與沾醬同吃。

## 咖哩雞

材料：　　　　　咖哩汁材料：

| 雞腿 4隻 | 薑黃 2片 | 蒜頭 3瓣 |
|---|---|---|
| 月桂葉 2片 | 生薑 2片 | 黑胡椒粒 1匙 |
| 香芽 1枝 | 高良薑 2片 | 香菜香草 1匙 |
| 檸檬葉 1片 | 果仁 5粒 | 乾蝦膏 少許 |
| 稠椰奶 1杯 | 紅椒 1根 | 鹽 少許 |
| 稀椰奶 1杯 | 朝天椒 1根 | |

- 將所有材料（雞腿除外）加少許開水以攪拌機打勻。燒熱油鍋，把調勻的醬料煮熱，加入檸檬葉、香芽及月桂葉一起煮約15分鐘。
- 把雞腿放入，加一杯清水，以細火慢慢煮至雞腿軟熱。
- 最後加入椰奶，一直以慢火再煮約15分鐘。

## 煎香蕉

- 選口感厚肉的小蕉，撕掉外皮後，以少許油，細火慢煎，不到5分鐘便完成。
- 上菜時拌以香草冰淇淋，絕對好味。

## 橘子汁青檸蜜

材料：

| |
|---|
| 鮮橘子 8顆 |
| 青檸檬 2顆 |
| 蜜糖 4匙 |
| 薄荷葉 1束 |

- 榨好果汁後，將薄荷葉切碎，一起放入攪拌器內拌打，然後以蜜糖調味，是簡易又清甜的純味果汁。

## 高速定位 —— 與 Sin Sin 談 Sin Sin

從峇里度假回港，久久還沉醉在那藍天與白雲、海灘與稻田、笑容與美味巧妙配合建構的獨特氛圍當中。先別貪婪地功能十足地說充電，就把這當作一回洗滌一次排毒，消除積壓已久的疲乏勞累，回歸一個空空如也的狀態，也是一件絕佳好事。

一心要親自上門到 Sin Sin 的畫廊和店裡去感謝女主人，感激她花了這大量精神時間心血，「養育」出一個比家還要舒服的地方。也早知 Sin Sin 大姐說起話來如連珠砲發，興之所至還手舞足蹈，所以鮮有的自攜一個小小錄音機，以防聽得有所遺漏。但我這小聰明小動作就偏偏不得逞，開頭二十分鐘的對談錄音鬼使神差地被不知從何而來的一種機械雜音給尖聲蓋住了。而這段話裡談到的，是 Sin Sin 如何在十年前決定要為自己在峇里島打造一處度假僻靜的私宅，結果卻是一發不可收拾地在往後的三五年間，由一棟別墅發展成為三棟，由招待自己的摯愛親友發展到有選擇性地低調宣傳，讓有緣入住的朋友分享。而這無心插柳的動作，一如大姐多年來從首飾設計、服裝設計到開設概念專門店到經營畫廊到籌畫參與社會公益活動，坐言起行爽快俐落，一路走來一直贏得大家的尊重讚賞。

也許就是這高速的轉變，讓 Sin Sin 把過去十年在籌建峇里別墅中遇到的種種喜樂與挫折，濃縮成為最寶貴的人生經驗。當別墅從落成初期經常通宵達旦高朋滿座宴會派對，慢慢轉化為更簡樸安靜更私密的個人靜修活動，當這來自田野和大海的自然能量已經緩緩充盈身心，成為存在意志的重要組成，大姐有預感亦準備隨時開展生命的又一章。

隨風而來，隨風而去。Sin Sin 用這八個字形容自己的過去、現在和未來，她需要在人群中在大環境裡去激發去驗證自己澎湃的創意。兒時在都市邊陲鄉村周圍手工作坊裡好奇靈敏地積累種種對染布和藤織的顏色和質材的基礎知識，踏足社會後二十世紀八〇年代初是第一批專業人士與香港經濟結構轉型同步北移。大江南北到處闖蕩，雖然一覺醒來甚至不知自己身處何方，但那種興奮的感覺很刺激，那種與內地合作夥伴胼手胝足互相幫忙的關係很好。從服務眾多國際客戶慢慢轉向發展自家品牌，每十年正好就是一個段落。

猶記得香港中環安蘭街一幢保留了戰前嶺南混融殖民舊建築風格和韻味的唐樓,是Sin Sin 生活概念店的首處落腳地。三層樓幽雅小巧,是新舊時空更替的最佳場景。大姐親自訪尋的各種織染原料,設計剪裁成舒服自然的原創服飾;各種玉石、金屬、木材、植物,鍛鍊打造出叫人眼前一亮的飾物。每逢有新品發表,那三層樓面都擠滿了捧場好友,站到街上喝著紅酒的我和身邊一眾,深深感受這是香港這重商逐利之地極少數極難得的有獨立創意的堅持固守。

風光背後,現實營運中種種艱難已夠折磨人。好幾次趨於放棄邊緣,Sin Sin 想到上天一直眷顧,慷慨地給予種種機會,累積下來的經驗,正是時候要拿出來跟更多人分享。所以大姐二話不說,欣然面對一個又一個未知的可能:逐步完善峇里島度假別墅的管理運作,開設畫廊引進細心挑選創意十足的印尼藝術家繪畫和雕塑作品,把概念店和畫廊遷到更貼近庶民生活的上環舊市區,積極開拓與公益活動合作的機會——凡此種種,越做越起勁,方向和目越趨明確,把 luxury 這個高端奢華的光環解體,更踏實更細膩地靠近生活素質修養本身。行走運轉中,Sin Sin 他方此地

事事上心，當家人和同事擔心大姐過於消耗過於勞累，她卻安慰大家不用擔心，笑言有朝一日什麼都沒有，走到街上也可以 survive。她深知人只活一次，就得好好享受這痛快的過程，不必拘泥什麼標籤什麼設計師的身分，樂於做一個 producer 創作人。

眾所周知，大姐自小是個粵曲發燒友，以她爽朗率直的個性，低沉的聲線，演唱的當然是平喉。如何理解傳統戲曲遣詞造句的風流文采，如何掌握歌詞內容意境中的喜怒哀樂情感表達，而且不靠化妝造型戲服，卻是一字一句的唱念，對她來說有如一個專注的冥想過程。更巧合的是，有位關注社區歷史文獻的朋友有天告訴 Sin Sin，現在她的畫廊和概念店所在之處，大半世紀以前竟是一個粵曲社的原址，這可真是命運把她引領到這裡，這裡肯定是她的舞台，正等著她好好地再唱一次，又一次。

www.villasinsin.com

# 京生活料理

迷上京都有一千幾百個理由，如果我告訴你我只是滿足於在清晨或是黃昏於鴨川河
道旁獨自散步，在眾多廟宇和神社其中錯落遊蕩，在人家的町屋舊宅門外膽怯張
望，在傳統旅館的榻榻米上躺臥看著紙門紙窗上奇妙的光影，以及在近郊宇治嵐山
嵯峨野的林間深深呼吸，我其實都是隱瞞了最不能逃過法眼的事實：京都最迷最惑
我的，是京都之吃。

從那動輒上萬日元才得輕嚐的精巧高妙宴席京料理，那把麩（生筋）、腐皮（
湯葉）以及豆腐豆漿豆渣豆乾處理發揮得淋漓盡致的湯豆腐宴，那以京都近郊
特產京野菜如賀茂茄子、萬願寺辣椒、聖護院大根（白蘿蔔）以及南瓜、豆角
（長豆）、番薯、黑豆、大蔥烹調成的京野菜料理，及至那街巷老鋪賣的形形
色色有如微形雕塑的和菓子，那醃漬和熬煮得不辨前生的漬物和煮物，那些甜
品老店如鍵善良房的黑糖葛切，以及那各有性格主題的茶室、咖啡館、西洋糕
餅店、麵包店、中華料理義大利料理法國料理專門店……

在這個飲食時空中漫遊體驗古今，在最傳統典雅的町屋裡品嚐最前衛的料理，唯是
京都有這樣的氛圍格局才更彰顯味覺小宇宙的爆發力、震撼力和影響力，也是這日
常的飲食動作讓這古都又與世界接軌，努力呵護尊重傳統的同時，一波又一波的調
節更新她的飲食習慣。一遊再遊京都，有緣遇上京料理教室老師、鄉郊蕎麥麵館達
人、有機京野菜農地主人、創新庶民版京料理新秀，都一再顯示這個地靈人傑的地
方，有一股歷久常青的料理生活的認知和傳承。

## 元氣教室——松永佳子，私家傳承京料理

看著松永佳子老師在她由窄長的家族町屋改建成的料理教室的幾間房裡來回跑動，一下搬出一大缸用米糠正在醃漬中的小黃瓜，一下搬出一疊過去皇族賞賜其貴族夫家的珍貴瓷器餐具，一下又捧出厚厚幾本她正在編輯處理的自家京料理食譜圖文原稿，一下又招手喚我過去嚐味那剛剛用攪拌機打好的豆腐麻醬汁。我直覺這位六十二歲的孅孅像個活潑好動的、對世界依然充滿好奇的小女孩；又或者，她根本就像她那精靈機敏的七歲小男孫。

松永老師是京都人，但又不是一般的京都人。據說京都人可以看來很誠懇有禮地邀請你到家裡坐坐，但其實是很不願意朋友真正進入她或者他的私人生活空間。所以當我第一次要求要到老師的料理教室接連家居的室內去探訪時，我是預計應該被拒絕的。怎知電話那端的她嘻嘻哈哈地歡迎我們拜訪，還主動地建議出好幾道家庭式京料理示範菜式，叫我喜出望外。

松永老師自幼嘴饞愛吃，十五歲就開始在父母親經營的饅頭店幫忙。二十二歲時與貴族名門後代的丈夫結婚，婚後一如傳統日本婦女，是一個典型的賢妻良母。直到兩個女兒長大，她於三十六歲時才決心重拾對烹飪料理的興趣，正式進入料理學校學習傳統京料理。畢業後也隔了好幾年才在家裡開設小型教室授徒。同時老師也利用課餘時間往神戶進修法國料理和義大利料理。在這長達二三十年的料理教學生涯中，累積了豐富的廚房內外實踐經驗。正因為對傳統食材及烹調方法的源起和變化有細緻的認識及深刻的瞭解，才能面對來自學員們意想不到的提問。

這些年來，在松永老師小班教學的料理教室畢業的學員已有近千人，當中大多是四十歲至五十歲的女性，在兒女開始長大，家務開始輕鬆之後，希望多學一門手藝，以傳統飲食味道維繫家人間的情感關係。也有是婚前被父母指定要來學一點廚藝的年輕準太太，好歹算是一種「嫁妝」。而在松永老師的影響下，大女兒四年大學課程，修讀的也是廚藝和食品營養，之後也曾利用母親的廚房開班授徒，但兩代人的教學風格頗有分別，松永老師笑著說女兒的教法太粗率，女兒也當然也投訴母親太囉嗦——畢竟京料理從材料選擇到烹調步驟到擺盤方位到進食規矩，都有嚴格過人的規範，要不囉嗦也不太容易。

與松永老師逛市場其實儼如出巡，只見她與一眾熟悉的各式食材攤位主人儼如一家人，有說有笑，也保證食材安全新鮮可靠。路經大型超市，老師也把我拉到一邊，十分有原則地指出她並不喜歡這些連鎖大戶把獨立小商販一家一家地逼走，她倒是十分堅定地以身作則並鼓勵學生們，無論如何也得先支持這些販賣傳統食材的老店小店。

回到廚房，老師就更是全場總指揮，當天她特別請上她的高徒以及大女兒來作副廚，還有我這個一心拜師學藝但其實有點礙事的傢伙。一桌擺滿了豐富食材，已經預先洗淨抹乾的精緻食器，還有一沓親手寫的每個菜式的烹調程序。老師的喉音有點沙啞但依然響亮，長達三個小時間歇不斷起落，發施號令讓一切準確無誤先後登場，我們面前出現的包括豆腐皮（湯葉）和豆腐做的前菜小卷、豆腐和麻醬汁分別涼拌的麩和芋頭莖和小黃瓜、賀茂茄子田樂燒、大蝦雜菜天婦羅、輕漬的小茄子和小黃瓜、烤牛肉薄切、鱧魚照燒、汁煮南瓜、黑味噌湯。這於我殊不簡單的一桌好菜，只是老師的家常手藝，所以她全程也是不慌不忙且談笑風生，提醒大家這畢竟是在家裡，不必像經營餐廳一樣緊張兮兮，更能體會非宴會的京料理的閒逸一面。

在一連串感激聲中，我們一邊讚嘆一邊仔細品嚐。雖說有別於宴會式京料理的雕琢講究，但是擺盤起來也是很有一種氣派格局。松永老師終於不再走進走出，在我身旁的主人家位置坐下來，本來這個位置是留給一家之主也就是她丈夫的，但眾人堅持說今天她是主角她該上座，她才笑著答應。

能夠在一個真正的京都人家裡吃到最道地的家常京料理，我是感激得無話可說，而一頓飯可以打破國族、語言、年齡的差異和隔閡，也是無庸置疑的。同台吃飯，果然無所不談，當我問到傳統的京料理除了在餐廳料亭中得以勉強維持保留其固有形式格局，在一般人家裡的「命運」又是如何？本來一臉笑容的松永老師不禁嚴肅起來，這也恰恰是她最憂心的問題。加上近年日本經濟不景氣，一般小家庭兩口子都必須在外同時工作，無暇在家做菜弄飯，對傳統食物的認識瞭解越見貧乏。而本來答應了老師要替她出版食譜的出版社，也因為經濟原因把出版無限期後延，自資出版又是一項極其昂貴的事，有心傳播傳統料理精髓也不是件一帆風順的事。

一桌人在這些難題困境面前似乎心情也有點凝重，我這個急驚風當然倉促獻計，看看利用電子媒體與跟國外媒體合作是否可以打破困局，也許我說得也有點過分嚴肅，松永老師一邊點頭一邊裝出十分卡通式的感激掉淚然後拍手歡笑的樣子，叫一室氣氛再度活潑熱鬧過來。這個時候我再認真仔細地望著老師，年長了的櫻桃小丸子大抵就是這個樣子。

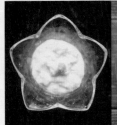

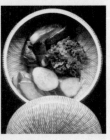

## 豆腐冷菜兩味

豆腐皮腐竹，在日本的豆製店裡現成便能買到，營養豐富，口感嫩滑，十分清純。

豆腐　1塊
小黃瓜　2條
麵麩　1球
麻醬/淡醬油/酒/糖/檸檬汁　適量

- 先將豆腐以2塊布墊著，用重物把水稍壓乾，放在攪拌機內拌2—3秒。加入3匙麻醬、1匙淡味醬油、少許酒和糖、幾滴檸檬汁，拌勻後成為口感嫩滑微帶甜味的拌醬。
- 小黃瓜切薄片。麵麩切開兩半，以滾水稍燙一下，將油膩減除，然後以手撕成小塊。在大碗中把黃瓜片、麵麩塊及豆腐沾醬拌勻，便是美味的涼拌。

## 賀茂田樂燒

材料：
圓球狀賀茂茄子　5個
白麵豉味噌　300克
蛋黃　1個

調味料：
砂糖　30克　　水　40毫升
酒　40毫升

- 先將白麵豉味噌跟蛋黃拌勻後，跟拌好的調味料混拌好，在細火中慢煮，並一直輕輕攪拌，大概煮半小時，然後備用。
- 茄子切去圓頂，表皮可削掉部分，以筷子在茄子肉上插洞，使之容易煮軟。
- 在平底鍋裡以中火油煎熟茄子，大概需時20分鐘。
- 上菜前把煮好的麵豉醬塗在茄子表面，用小刀在面上划四方格紋，再以火槍燒焦一下，看一眼也有滋味。

## 芋頭莖芝麻豆腐涼拌

材料：
芋頭莖　　豆腐
芝麻醬　　現磨芝麻
白醋　　糖

- 先將芋頭莖在滾水中煮軟，撕走表皮，只保留內層白軟的莖芯，再撕成小塊拭乾水分備用。
- 淡醬油與麻醬拌勻，加入手磨芝麻、糖和醋，拌成甜甜的濃香芝麻醬。把豆腐拭乾水分，加入拌醬拌勻，與芋頭莖的柔軟嫩滑是絕配。

## 茄子/黃瓜漬物

- 米糠放在陶罐中，加一些海鹽、一些水，拌勻後，便是用來醃漬物的原料，就是平日沒有蔬菜放進去，也得每天拿出來拌一拌，保持它的狀態。
- 把茄子或黃瓜整條放進去，每天拌2次，放1天就夠味了。

## 烤牛肉

- 新鮮牛肉在平底鍋裡以大火兩面稍煎一下，把肉汁封住，然後放在烤箱內慢火煮約半小時，保持肉質外焦內軟，上菜前切片就是美味。

## 煮南瓜

- 南瓜洗淨切開，去籽，削掉部分表皮，切成三角丁方形，鍋中的熱水加進砂糖，以中火煮，大約煮45分鐘，成為一道最簡單的美味。

## 天婦羅

- 蝦/番薯/尖辣椒（2種）：把蝦去殼去腸，在背部輕切一刀再拉直，以防變蜷曲；番薯和辣椒切塊狀。把切好的材料放入冰櫃裡冷藏一下。
- 炸粉：幼麥粉和太白粉以1:1混和，炸粉漿是用水和粉以1:1調勻，再放入冰櫃內讓之冰凍。
- 油要達到攝氏180℃的溫度再炸，先把炸物沾上太白粉，再沾上炸漿，放入油中慢慢炸透，再以筷子沾些粉漿沾在炸物上直至炸透。

## 昆布豆腐味噌湯

材料：
乾昆布　2大片　　鰹魚片　200克
豆腐　1塊

- 先把昆布放在清水中浸軟，煮沸時濾走白泡，關火後把鰹魚片放入湯中泡浸，讓味道走進湯中，接著以濾布把湯過濾，成為高湯。
- 用餐前，將高湯煮熟（但不能煮沸），紅味醬拌進高湯中讓之溶化，把切成丁塊的豆腐、少許魚乾、芫荽放進碗中，倒入熱湯，趁熱把碗蓋蓋好便成。

## 逐夢達人 —— 奧出一順，鄉居生活全實踐

走在那微雨過後綠得更通透厲害的山谷裡清溪旁，我禁不住很有感觸地跟走在我身旁的奧出先生說，你作了一個十分十分正確的決定，你的兒子將來一定會衷心地感激你，以有像你這樣的父親為榮。

其實我更想直接地告訴他，希望他一定一定要堅持下去，因為這位四十二歲的好父親好丈夫奧出一順，在遠離京都一個多小時車程一處叫做久多的深山老村裡，實現了我們這些光說不做的都市人連做夢也沒有夢過的一個大計。

奧出先生在六年前作了一個決定，認為都市的環境對小孩的成長並沒有好處，也在朋友的介紹下發現了這個與外界有點隔絕的地方，買了一幢二百五十年的老房子，花了兩年的時間改建好屋頂，開拓了周圍的野地成為有機農地、花圃和養蜂場，亦用了一年時間拜師學做手打蕎麥麵，終於在四年前於山谷中的家裡開設了一家蕎麥私房麵館，向預約訂位的客人提供蕎麥懷石料理。四季的菜式當然因應旬物的供應有所變化，而遇上好奇也好學的客人，奧出先生也會即場親自示範手打蕎麥麵，甚至讓客人一展身手。

這樣的一個追逐夢想回歸自然的真實故事，尤其是回到一個春有遍地野花，夏有蟬鳴貫耳，秋有漫天楓紅，冬有茫茫白雪的原鄉，著實對我們這些糾纏掙扎於都市人事紛擾之中的傢伙是最大的刺激和挑戰。

我甚至沒有信心跟奧出先生說，你能做到我也能做到。但對於奧出先生來說，他自年輕時代起就跳脫出既定的框架不斷逐夢，早已是箇中老手。出身抹茶之鄉宇治的他，自言學生時代是個搗蛋分子，二十五歲的時候決定要外出一闖，到了美國洛杉磯加入了一家日本的魚類進出口公司，上班三個月就回日本連未婚妻也接過去一起生活工作了一年。洛杉磯之後又到了倫敦工作了三年多，其間大兒子在異邦出生，出國幾年後眼界開闊英語熟練，又決定舉家繼續上路，這回選擇回到故鄉京都宇治。

回家後的奧出先生選擇當一個在魚市場賣魚的師傅，這個長相俊朗的魚販讓出入街市的坊眾都有點驚訝好奇，而他對魚類的知識又比一般行家要豐富，料理教室的松永佳子老師也是在魚市場裡認識比她年輕許多的奧出先生。當松永老師得知奧出先生要舉家遷往深山，她也不得不佩服他的勇氣和決心。

從有機菜地裡的賀茂茄子和京山科茄子，萬願寺辣椒和伏見辣椒，各種青味辛味大根（白蘿蔔），以及各種瓜菜豆和根莖類，花圃裡有的不只是能觀賞還可做菜的花與葉，以至嚶嚶成群的蜂房，山谷另一端的兩塊稻田，都是奧出先生一家四口早晚關心照顧的「家當」。兩個兒子在久多地區的鄉村學校上課，奧出先生有兩年光景還得充當學校巴士的司機，接送村裡的孩子上下學同時也賺點外快。作為一個盡責任的父親與丈夫，其實他一直要負擔起整個家庭的開支，所以他也必須千方百計地增加收入，兒子分別是十四歲和十一歲，再過幾年就要面對升大學的負擔。近年日本經濟不好，消費力下滑，能夠跑到深山老林來吃個蕎麥麵的閒情減退，大大影響收入，所以奧出先生也得準備主動主事，到京都去示範和教授做蕎麥麵的絕活。

那天早上於京都市內出町柳車站跟奧出先生碰面，一身蕎麥「職人」打扮的他從第一秒鐘就很專業，變身司機的他平日就是從這裡接載遠方客人到久多地區山裡的家中。一路有說有笑，進山時還在峽谷旁停下來讓我們看看壯麗山景，引誘我們想像入秋後滿山紅葉的絢麗。到達他那疑似桃花源的鄉居，一行眾人忍不住聲聲驚嘆讚美。在那改建好的古老農舍裡，奧出先生換過裝束準備好購自京都老店「有次」的工具，開始親自手打蕎麥麵，大家更是屏息靜氣。從選粉篩粉，斟水揉麵，奧出先生的專注讓每個步驟幾乎變成儀式。接著層層疊疊的壓麵、撖麵、折疊、裁切，都是細緻精準的無懈可擊。有說專心工作中的男人最性感，但這樣的形容於此時此刻未免低俗——先生眉梢額角輕微冒汗，竟都莊嚴神聖。

面前的一道又一道的蕎麥懷石料理，即使我變身挑剔顧客，也不得不說物超所值。前菜是軟韌的麩配白味噌撒上烘香的芝麻，輕漬的野菜葉莖微酸醒胃。接著是艾草、茶葉和三葉草作伴的鱧魚天婦羅，是京都的夏日旬物，中途端上的炸蕎麥麵像極瘦身版脆麻花，然後主角出場是軟硬度拿捏正好的蕎麥麵，吁吁連聲吃掉一整盤，滿足得來不及鼓掌。最後奧出太太端出一壺剛才下蕎麥麵的麵湯，指導我們以剛才吃麵的醬油混和好，把蕎麥的最佳營養都暖呼呼地喝下。

飯後推開木門坐在屋外的迴廊處乘涼，遠眺面前古老而安靜的村莊，不知怎的蟬聲漸漸退去，山雨欲來未來。我知道，奧出先生也更清楚，童話一般的鄉居生活，其實更需要加倍的刻苦和堅韌。

地址：京都市左京區久多中の町111番地

網址：www.sobauchi-okude.com

有機自療 —— 鹽見昌史，京野菜栽培生活

「六十隻有老有幼的野猴子分成四組，光天化日，從山裡連跑帶跳走到我的田裡，搶走了七百個已經成熟正待收割的紅皮番薯。」

當我詢問起這位三十六歲的染著一頭金髮的年輕農夫鹽見昌史，在過去九年的有機種植生涯中最難忘又最倒霉的經驗，他臉帶苦笑，無奈地給我描述了幾天前剛發生的這一場劫掠事件。而對於我們這些都市人，目瞪口呆地聽這以為只是卡通片中才會出現的情節。

但鹽見先生坦然地接受這個事實，甚至覺得這田野這土地本該是這些猴子也有分的，只不過人類「強勢」地進占，把猴子都逼到山裡去了。就如今年的夏天氣候反常地轉涼，威脅到猴子採摘天然糧食，別無他法只能出此下策，而這樣的「活動」在同區裡也發生不止一次 —— 能夠得到嘴刁猴子的青睞，也證明這些番薯是一流名物。

本來是三菱集團工程師的鹽見先生在九年前的一波經濟逆轉中被解雇後，就決定要讓自己的生活來個一百八十度的改變。身為京都宇治市人，鹽見先生自小過得總算是小城生活，從來沒有想到有天會成為一個農夫。自己在職場中工作壓力十分大，所在部門雖然表面有編更值班，但常常要在崗位上三天三夜不能回家。與任職同一家公司的妻子也因此常常吵架，關係一度十分惡劣。每每想起還是心有餘悸。而他

很清楚依自己性格其實不太適合長期刻板的團隊合作，最怕糾纏於麻煩僵化的人際關係，所以也樂得換一個要面對大自然面對天氣變化的生活和工作環境。

回想九年前剛開始用每年一萬元日幣的便宜價格，在京都近郊大原這個好山好水的地方向當地農家租了長長一小方土地，面積小於兩個標準籃球場，但也夠鹽見先生忙得不可開交。他用了一年時間向當地農民學習基本農耕知識，也花了兩年多時間讓泥土慢慢變得適合種植有機農作物。他的有機種植知識一方面是自學，一方面也請教一位旅日多年的英國貴族後人 Venetia Stanley-Smith 老師。這位身兼英語學校校長、園藝家、草藥師和有機生活倡導實踐者於一身的「外地人」，表現出對這片土地的細緻關心和深沉熱愛，實在感動並影響了鹽見先生和他身邊一群從都市逃脫初歸田園的年輕人。

　　每天早上準時九點就來到田裡，一直工作到午飯時間，飯後再工作至下午三四點，完全由自己一個人負擔起全部工作。全年只有二月份可以放假兩周，其餘的日子就幾乎全天候工作。鹽見先生的田裡一年四季種植不同作物，從春天的人參（紅蘿蔔）到夏天的賀茂茄子、萬願寺辣椒、伏見辣椒、紫蘇、番薯、南瓜，到秋冬天的青首大根（白蘿蔔）、水菜，都需要勞心勞力好好照顧，加上近年天氣變化異常，從事農耕的就更得每天每周每月地查閱天氣預告，以求靈活地決定播種和移植的最好日子。這一方小小農地生產出來的有機作物，除了直送到市內某些有聯絡合作的餐廳和食品製造工場，也會放於鄰近的有機農作物市場中寄售，亦會將當季的茄子和紫蘇交予本鄉的醃漬老店，以兼職的身分參與製作這些以乳酸發酵醃製的紫紅如醇酒色澤的生紫蘇茄子漬。鹽見先生亦打算開辦一些針對家庭主婦的有機種植課，讓這個貼近自然的綠色生活方式可以廣為傳播。

　　打從成為一個全職農夫的這九年來，鹽見先生不無感慨地說雖然日曬雨淋辛苦勞累，但這樣面對自然順從自然的工作和生活實在適合他，規律的作息時間也讓他與家人的相處關係更加融洽。縱使經營這小小一方地並沒有使他能夠有很穩定的經濟收入，連多請一個工人幫忙的餘錢也沒有，但還是義無反顧地決定堅持下去，也以此自療成功的經驗來鼓勵新一代：不一定要固守於朝九晚五的職場生活，應該更忠於自己的真性情，讓自己的生活有更多選擇——畢竟能夠與嘴饞的猴子正面交鋒的機會可不是人人都有。

## 惜舊立新 —— 枝魯枝魯，年輕逸脫京料理

忘了是在什麼雜誌上看到「枝魯枝魯」這個奇怪的料理店名，在把它忘記之前於某
個冬日的傍晚走過鄰近高瀬川窄長河道的木屋町通，在一排普通的民宅當中忽然有
一燈火通明處，窄小店門口一盞小小不起眼的宣傳燈飾上寫著「枝魯枝魯」幾個刻
意磨花的手工宋體美術字。那時那刻只聽到店內傳來店家與食客間的歡聲笑語，甚
至還未聞到廚房裡傳出的香氣，憑直覺感應這是一家一定要試試的店。推門內進，
眼前的景象足夠震撼，小小不到三十平方公尺的一層店堂，正中就是開放式的廚
房，客人沿著廚房圍坐，就是那麼十來個座位。廚師和三兩助手就在那幾乎不能轉
身的廚房內為客人即場烹調當晚食物，且一邊與客人談笑風生。而最特別的是，廚
師和助手都十分年輕，雖然穿著雪白制服甚至內裡穿襯衫打領帶，但看他們的膚
色、髮型以及神態舉止，完全是會在街頭踩滑板、塗鴉、說唱 hip hop 的潮人型男
一族。究竟他們為客人們準備的會是什麼風格的料理？這是我極好奇也極想馬上一
嚐的。

一位活潑的女服務生迎上來，禮貌地問我有沒有預約訂位，我心知不妙，搖頭之際
她也一臉歉意地說今晚已經全部客滿。我心有不甘地問是否可以晚點再來，她說
十分十分對不起，今晚第一轉第二轉甚至第三轉的位置都全數訂滿，希望我改天再
來。因為這是我們那回留在京都的最後一個晚上，我有點失落地趕緊再一瞥那小小
溫暖室內觥籌交錯賓主盡歡的喜樂景象，我跟自己說，我一定會再來。

果然我就回來了，而且是在一個夏末依然炎熱的午後，更是坐在料理店的二樓（上回還真的沒察覺小店還有窄長樓梯通往二樓）。坐在我面前的是Femio，叫他作Femio先生恐怕把他稱呼得太禮貌拘謹也顯得太老，再熟絡一點也許可稱他Femio君。三十一歲的Femio眉清目秀，一頭短髮且染出圖騰原始紋樣，看來比實際年齡年輕得多，也可以想像八年前他跟「枝魯枝魯」的創辦人枝國榮一相識時，為什麼會被建議取了Femio這一個當時流行的中性名字。只是Femio在解釋這段往事的時候也笑說自己老了，美少年不再──我留意到他雙手與手臂都有不少進出廚房留下的炙痕和刀疤。

「枝魯枝魯」果然是個有趣的故事，三十六歲的創辦人枝國榮一在論資排輩的京料理行頭裡也算是年輕人。一九九二年自高校畢業且投身飲食行業，短短數年幾度轉職成為一所京料理店的主廚（料理長），千禧年間決定獨立創業，開設「破立割烹──枝魯枝魯」。

枝，當然是取自創辦人枝國榮一；魯，就是被枝國榮一視為超級偶像的日本美食家、書法家、畫家、陶藝家北大路魯山人。「枝魯枝魯」這個活潑有趣的聲音組合，大抵也是枝國榮一有心像前輩魯山人當年在東京自設高級料理「星岡茶寮」自任主廚，潛心鑽研食器與食物間的緊密微妙關係。而從京都出發，枝國榮一也在東京和名古屋擔任多家創新餐廳的顧問，兩年前更在巴黎開設了海外第一家「枝魯枝魯」，明年也將於夏威夷開設另一家。枝國榮一現在長期駐守巴黎，能夠成功地遠距掌控一切，也得建基於長期與他手下門徒的情同手足關係以及共同對京料理傳承與創新的理解領悟。

已經在枝國榮一門下工作了八年的 Femio，來自日本稻米之鄉新瀉。高中畢業後打算做一個髮型設計師的他，由於沒有考上他一心要進去位於東京的一所髮廊，就在一家料理店先做兼職打算下回再考，怎知就在該處遇上了枝國榮一，對這位前輩正在實踐的飲食理念十分認同，枝國榮一反覆地跟大家分析，京料理發展到如今如此一個高度，春夏秋冬四時都有十分嚴格的規矩順序，料理手工複雜精緻、擺盤造型唯美講究，無疑叫初見者擊節讚賞；但看多了吃多了未免覺得其形式過於拘謹束縛。而且淺嚐傳統京料理，動輒一兩萬日元，不是一般百姓與年輕人可以跨越的門檻，長久以來也只成為特殊階層的一種身分地位象徵。所以枝國榮一經營的「枝魯枝魯」，從開始營業的當天就堅持以驚人的低價格（目前每晚不含酒水的套餐價格是 3,680元日幣），讓客人可以享用到一樣是當季最好最新鮮的食材，加上店家自己研發的各色調味醬油配搭組合，還有那異常講究的陶瓷玻璃器皿，讓進門的客人都充分感受店內洋溢著一種年輕自由的、既珍惜傳統又肆意創新的氣氛。而這一切不是光說不做，這裡的廚房本就採取開放式，而且砧板的位置並沒有像傳統料理店低陷一級或者有所遮隔，倒是與食客的用餐高度平衡，讓大家一目瞭然地看到整個烹調製作過程，一切公開透明，十分有民主意識。Femio 也坦白地解釋即使店內用不上最高級最昂貴的食材，也要給大家一個新鮮感，所以店裡沒有菜單，客人進來就得信任廚師，而這裡的菜式也堅持每月完全更新一次，這個月和下個月來店內吃到的完全不同。也就是這種種突破，讓「枝魯枝魯」自開業就受到年輕且有要求的族群大力支持，口碑極好晚晚客滿，也讓枝國榮一與他門下一眾平均年齡二十六七歲的年輕夥伴們受到激勵鼓舞，更對自家堅持的飲食信念和生活態度添增信心。

經過多年努力，已經晉升為副料理長的 Femio，說起他遠在巴黎的老闆跟老師枝國榮一，一臉崇敬感激。笑說這個師傅也真的是怪怪的，每周規定員工要有兩日休息（一般料理店只能公休一日，甚至沒有），第一日是身體的真正休息，休息好才能有足夠力氣上班，第二日是要去學習在店裡學不到的，比如去別家店吃人家做的東西，看人家的碗盤擺設，去學茶道學插花，去看博物館美術館的展覽，去學英文法文……所以員工們也有空閒有時間發展自己的個人興趣修養。當然如 Femio 般專注投入的，看書聽音樂、釣魚以及髮型研究都已成次要的普通興趣，最大的樂趣還是料理本身。Femio 也強調師傅是個行動迅速的人，身體力行地不斷提醒大家要珍惜每分每秒，這一剎那做這回事之際就要思考下一剎那該做什麼，別人用一年時間才做妥的，得看看是否有可能半年就搞定，平日做好累積準備，就能很快地隨機應變作決定，也就能快手快腳多做幾件事。所以「枝魯枝魯」的上下一眾都在店裡的各個崗位上遊走，經歷和體驗到傳統京料理店嚴格的師徒分工制下無法想像的跨界和速度。當被問到有否後悔放棄髮型設計師而投身料理行業，Femio 堅定地說從未後悔，但也坦言飲食行業的確十分辛苦，有好幾次想過放棄。因為對自己已經十分嚴格，即使拚命努力做好，但也未必就馬上得到師傅的讚賞，未免一時沮喪。有時會想到飲食行業絕不是一門普通行業，讓客人吃喝什麼關乎生死，如果沒有讓客人在飽餐之後得到滿足快樂，也就是廚師的失職，恐怕自己擔當不起——Femio 一字一句是那麼認真確定，忽然叫周圍的輕鬆氣氛嚴肅起來。但也就是這樣不斷的來回掙扎不斷的自我反思，叫他更不輕易開口說放棄，更要向做到第一前進。他給自己的要求是，要讓每一個客人離開店裡的時候，臉帶滿足笑容。而我敢肯定地說，對此我絕不懷疑。

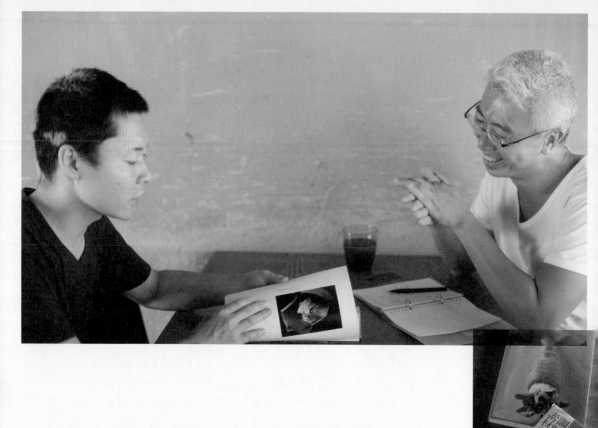

一行六人，在離開京都前的最後一個晚上，終於可以坐進「枝魯枝魯」明亮熱鬧的店裡，一償夙願。Femio給我們留了一個很好的位置，共處聚光舞台一同互動演出。由於料理長休假，作為副料理長的Femio就是今夜店裡的總指揮，他和他的小朋友團隊穿上乾淨襯衫打好領帶再加穿雪白料理服，笑容可掬地招待著先後進來的客人的同時也有條不紊地準備著上下兩層三十三個客人的先後飲食。我們先點了一瓶法國白葡萄酒，為這趟京都味覺訪尋之旅的完美展開小祝賀，也滿懷冀盼地讓「枝魯枝魯」的創新京料理在我們面前一道一道鋪排開來。先來的前菜，有長相和口味同樣精緻的豆腐、玉米、菠菜沙拉，茄子醬和檸檬葉片配汁煮馬鈴薯塊，壽司拼盤的軟糯米飯上分別有嫩滑豬肉、肥美拖羅（鮪魚腹）和香煎鱧魚，芒果蝦球壽司配上小脆魚和炸過的鱧魚骨也鮮甜蔥味。再來的龍蝦味噌湯中那小小一塊蛋餅中混有蝦肉和蟹肉，湯中沉浮著香菇、木耳茸和蔥白以至紫蔥花都提升了味覺和口感。一路吃來既在京料理的體貼中受寵，也不時發現出軌的驚喜意圖。

第一度輕量級主食是配上白切豬肉和白洋蔥的冷烏冬麵，以芝麻、牛蒡和醬醋做的調醬十分蔥味。再來的松茸鱧魚湯有一顆梅子在內，入口清甜又再嚐到梅子的微酸和芫荽（香菜）的香氣。接著的幾塊脆炸玉米餅毫不吝嗇地有一份鮮嫩的海膽在上，點綴以細蔥放在深紫小碟中，顏色好得真捨不得就此一口吃掉。作為完美收篇的鵝肝壽司與特製的梨醬可說是絕配。真正的完美句號是放在傳統彩繪瓷盤中的蟹醬海綿蛋糕、抹茶慕斯和山楂麥芽糖。

就因為有了與 Femio 先生的一席對話（Femio 君已經長大成 Femio 先生了！），
我更能懂得更能欣賞這「枝魯枝魯」堅持只售 3,680 元日幣晚餐的真正意義。破舊容
易，但要在破之前先懂得欣賞舊珍惜舊，才能在突破的時候真正的立新。京都這方
水孕育出這方優秀的人，讓我們這些路過的實在無話可說。我在筆記本上寫下了「
大滿足」三個字，遞給忙完一個段落正在喝一口冰水的 Femio 先生。他看了一臉驚
喜，笑著鞠躬感謝再三。我也清楚知道，面前這美好一剎那將會被永遠記住，以人
間美味為媒又超越世俗口味，對開放社會裡提供多元選擇的堅持，對悠久歷史傳統
的創意傳承發揮，對飲食交往同行一眾喜樂愉悦的共享，我們冀盼著，實踐著，守
衛著，一臉微笑，一切盡在不言中。

地址：京都市下京區西木屋町通り松屋下ル難波町420-7
網址：www.guiloguilo.com

# 性感延伸

一個服裝設計師在他的專業領域裡精益求精
盡善盡美是理所當然的，
但當我知道Manix同時有板有眼地
煮得一手法國好菜，
我的興頭就來了，更難得的是從他家陽台外望，

巴黎永恆的鐵塔象徵就在眼前，
每夜亮燈還真的算是個耀眼的儀式。
我馬上就期待並計畫著能夠嚐到這一餐，
好客的他當然一口答應，
這即使不是性，也是性急的表現吧。

祝你有個愉快週末 —— 怎樣的週末才算愉快？

如果找不到一個人上床就不算一個愉快的週末，Manix 笑著引用他身邊法國男子們的說法。顯然這個在巴黎待了好一些日子的好傢伙，十分認同並實踐著這個性感而日常的看法。

如果吃不到一頓好的，我接著說，就更不算一個愉快的週末。

不要以為付了錢就一定可以吃得好，走進不對的餐廳碰上不在狀態的廚師不合格的服務生，連盤子杯子的質地，餐桌布的顏色，空氣中流散的音樂都不對勁。又或者買來的食材不新鮮，回家處理烹調時漏掉了一些重要的步驟，紅酒沒有醒好，精緻甜品在提取回家的路上碰壞了，諸如此類，比跟一個人上床痛快的來幾回難度可能更大 —— Manix 聽了，吃吃地笑。

跟 Manix 認識不算久，長住巴黎的他離開香港轉眼十六年，去年他被「香港設計營商周」邀請回來做創意交流的主講嘉賓，他的演講專場剛巧我不在港，但倒是在接著的一個友人飯局裡第一次碰面。

Manix 那天穿得有點正式，很多層次很多細節很多衣料巧妙地混搭在一起，胸前還佩戴有一套很特別的飾物——你是經常都穿得這麼厲害嗎？後來我有機會問他。要穿，就要穿得最到位，不然，就索性不穿，好一個標準同時誘人的回答。席間我一邊專注地在吃——因為那是一位經驗豐富的老師傅把古法粵菜的精髓傳承重現，也一邊八卦著這位初識的 Manix 這些年在國外工作生活的種種：一九九四年他在香港理工大學時裝設計系畢業，那段時間我正在那裡讀碩士，可能有在校園裡跟這位學弟擦身而過。還未畢業他就贏了第一屆 "Smirnoff International Fashion Awards" 香港總冠軍，代表香港去參加國際比賽，評審 John Galliano 對他十分欣賞，鼓勵立志做男裝的他畢業後出國深造，Manix 果然就到了倫敦 Central Saint Martins 攻讀碩士，畢業後受聘於當時正紅的 Hussein Chalayan，學到許多前衛的剪裁方法，接觸很多未來主義的布料，然後他移居巴黎，在 Jose Levy 工作室工作，五年前創立自己的品牌 Laclos。

Laclos，是多年前轟動一時的電影《*Dangerous Liaisons*》（台譯《危險關係》）原著小說作者 Pierre Choderlos de Laclos 的名字。小說的幾名男女主角，就是在性、權力、慾望和報復之間掙扎糾纏，歸根究底 It's all about SEX。而作為一個創作人，一個男裝設計師，Manix 太清楚自己的目的和意義就在於用服飾去彰顯男人潛在的本質裡原有的性感。性，是一切創作的原動力，對此他深信不疑，亦通過他每年每季的服飾創作去發揮表達，不管是外型粗獷性感但在宗教約束下斯文內斂的摩洛哥男子，還是風流成性，見多識廣的巴黎男子，Manix 最新的觀察和體驗是，中國內地男子的 sex appeal 比香港男子還要強，因為他們不太在意別人怎麼看，表現得更輕鬆隨便，沒有香港男子的拘謹在意。性，關鍵不在乎有多處心積累精密計算，到底還是要放得開。衣服，可以剪裁用料講究，層疊搭配习鑽，但最後還是要一一脫下來——這是我喝多了在專業的 Manix 面前胡扯的。

一個服裝設計師在他的專業領域裡精益求精盡善盡美是理所當然的，但當我知道Manix同時有板有眼地煮得一手法國好菜，我的興頭就來了，更難得的是從他家陽台外望，巴黎永恆的鐵塔象徵就在眼前，每夜亮燈還真的算是個耀眼的儀式。我馬上就期待並計畫著能夠嚐到這一餐，好客的他當然一口答應，這即使不是性，也是性急的表現吧。

提早到歐洲圍圍轉一圈，巴黎是肯定的一站，我們到他家的晚飯時間也敲定約好。Manix很忙，週末才到了離巴黎四小時路程的沿海城市參加全法時裝大賽，在沒有心理準備之下贏取了全場第一名，帶著一個助手不眠不休幾天為秀場做衝刺總算有個興奮驚喜的回報，而在傳媒簇擁採訪報導的折騰下，身心疲倦也是個代價。所以當我們得知他獲獎的消息，捧著一束鮮花，站在他家門外按了門鈴，他開門來迎接的一刻，我就知道，性，以及生活以及工作，也著實是挺累人的——你看你，黑眼圈還在，聲音還是沙啞的，怎忍心好意思還要你來張羅給我們做菜做飯！然而這位男主人還是依舊的有禮好客，即使在工作室裡忙得不可開交，也提早下班準備好食材，要為我們做一道很傳統的法式烤蝸牛和季節時令的煎帶子（生干貝）沙拉，至於甜品，就實在沒時間現做，只得買現成好了。

在這個室內幾乎全白，裝潢乾淨俐落的住家兼辦公會客室裡，Manix幾年來豐富經歷用心經營的，當然比我們眼前所見要多得多，而一頓並無花俏修飾的簡單晚餐，也真正反映生活的真確實在。性，不是一時之快，高潮，更是要經過累積才達至。我始終認定這個男子是性感的，時而含蓄內斂時而張揚外露，而性感可以是勇猛的，也可以是慵懶的，變化多端才有情有趣——飯後我們天南地北聊得高興，我更貪玩企圖穿上Manix上一季設計的外套，也許是開心吃多了，也許是醉了拿了件小幾號的，擠進去太貼身，百分之二百另類性感。

## 現買餐前白酒

- 斟好後,加少許糖霜即可。

## 烤蝸牛

材料:

蝸牛　約12顆
奶油　適量
歐芹　適量
蒜茸　適量

- 先將歐芹切碎,與蒜茸及奶油混成香草奶
  油蒜茸,放進冰箱內冷凍至半硬。
- 烤箱預熱,把香草奶油塞進每隻蝸牛內,
  放在烤盤上以210℃烤6—8分鐘。
- 上菜時,以少許沙拉菜伴吃。

## 蘆筍伴炒帶子(生干貝)

材料:

| 帶子(生干貝)　約12件 | 橄欖油　適量 | 乾龍蒿葉　適量 |
|---|---|---|
| 洋蔥　3/4個 | 海鹽　適量 | 乾羅勒葉　適量 |
| 甜紅椒　1/2個 | 小茴香　適量 | |
| 蒜頭　3瓣 | 紅椒粉　適量 | |
| 蘆筍　12根 | 黑胡椒　適量 | |

- 分別將洋蔥、蒜頭及紅甜椒切碎。蘆筍切
  段以沸水燙熟備用。
- 橄欖油燒熱,兜炒蒜粒、洋蔥粒及甜椒
  粒,加入帶子肉後,以調味料一起兜炒至
  熟。
- 上菜前後撒少許乾龍蒿葉及乾羅勒葉,蘆
  筍伴吃。

## 現買芝士蛋糕

- 裝入盤中,加少許糖霜即可。

# 享樂煮婦・實在廚房

像良憶這樣一位能吃能煮、
善於用文字與讀者老實分享美食、
音樂、生活經驗的作者，
幾年下來已經累積了一疊精彩作品。
我作為忠實讀者就最清楚，
良憶南北來往吃遍東西，
卻絕對不來炫耀學識，不搞艱深理論，
一切輕描淡寫同時熱情磊落，
種種飲食經驗回憶，一頭緊扣故鄉祖輩親人傳承，
一頭連接異國新生活現況體會，
在餐廳酒館在菜市場在自家廚房在陽台香草園圃
在度假鄉居時都好奇率性地活出真性情，
不賣帳，也把一切帳都記在食物之上。

好久好久之前和良憶見過一次面，現在聊起來她也有這麼一個記憶，但準確是在什麼年分大家都忘記了。可是我倒清楚記得那是在台北的中山北路上，她穿著一襲淺色的套裝衣裙，有點正式，帶著我們兩三個人到國賓飯店旁的一家叫紅玉的台菜餐廳去吃晚餐，由通曉台北飲食地理的老饕帶路，我是樂得超懶超輕鬆地一味只管吃。菜都很好很道地，說起來至今印象最深刻的，竟是作為前菜炸得酥脆可口的花生小魚乾。

之後一直沒機會再跟良憶碰面，跟她的大姐良露倒是經常在台北愉快見面吃喝聊天。作為良憶的長期忠實讀者，她一個「不小心」嫁到荷蘭去，翻譯寫作的同時在威尼斯，在托斯卡尼，在法國西南部度假小住。鹿特丹家裡廚房飄出飯香菜香的同時也繼續傳出她喜歡的各種與美食感官呼應的音樂，足夠叫我這個有夠八卦的讀友又羨又妒。得知遠方有這樣一位全方位感知並實踐美味生活的朋友，正在累積著飽滿有趣的經驗，也實在對我是一種刺激鞭策。貪心為食的我早有預謀，找天一定專程到荷蘭，繞開那有點太熱鬧的阿姆斯特丹，改到鹿特丹去探探良憶，跟她逛逛市中心逢週二週六營業的全歐洲最「長」、足足兩公里半的露天市集，買了菜回她那處於港口邊由舊碼頭倉庫改建的被保育活化的公寓裡，在那有若教室講台一樣的廚房，偷師學上數道她拿手的兼通東西的美味家常菜。

這個嘴饞大計差點被那忽然跑出來的冰島火山雲中途打斷，但為食癮起的我一意孤行，怎麼也堅持讓攝影助手大陳幾經後補座位登上航班也得飛來歐洲與我

們會合。其實當時真的忘記了一件事，良憶的荷蘭丈夫喬布除了是科技大學裡的研究員，也是業餘攝影高手，危難中也該可以伸出援手記錄我們這一趟聚餐滋味。

良憶細心，早就為我們訂好了一艘停泊在河道中的船屋旅館，讓我們這三位第一次到鹿特丹的旅人有一個難忘的港都經歷。我這個家住香港離島每天乘船往返城裡的島上傢伙，十多年來已習慣浮浮沉沉，腳不踏實地最好。一來到這船屋自然大呼過癮，加上船艙裡睡房整潔，廚房設備小巧齊全，令剛剛經歷過柏林民宿旅館的高挑和巴黎旅館的淺窄擠迫的我，進入這五臟俱全的船艙，竟有一種出門遠遊後回家的感覺——我想很主要原因是因為有了一個可以自由掌握操控的廚房。

然後手機響起來了，良憶在橋頭出現了。我走出甲板使勁地揮手，迎接這一別經年的重逢一刻。自言以樸素街坊裝出現的良憶，神清氣爽，她巡視了為我們挑選的這條船，直呼真不錯真不錯。然後我們就在甲板上有如露天咖啡座的桌椅間喝茶聊天，話匣子一開，我們的八卦、我們的嘴饞貪吃、我們的選擇喜好時時接軌連線，嘻哈起鬨。良憶和我都馬上知道，我們都不必恭恭敬敬惺惺相惜了，我們根本就是一夥，如果馬上要入廚捲起衣袖舞刀弄鏟，我們該是好拍檔。

餘下的傍晚我們馬上被這位臨時導遊帶到就在一街之隔的市中心熱鬧處走了一遭，在一家十分道地的荷蘭小酒吧裡見識了幾種口味不同的荷蘭啤酒和經典小吃炸薯茸肉丸子，也領教了服務生實在不太好笑的荷蘭式幽默。良憶一再提醒我們荷蘭人祖輩以來都是清教徒，生活刻苦儉樸，絕對是 eat to live 而不是 live to eat，所以先不要對他們的道地食物有太大的幻想期待。但也正因為這樣，他們十分自知、謙遜同時包容、開放接受各地移民口味。從早期的印尼、中國、非洲移民帶來的飲食選擇，到後來的土耳其、東歐族裔的生活習慣，對於民族融合這一點，荷蘭人的確十分自覺並努力實踐，而鹿特丹作為荷蘭以至歐洲最大的海上門戶，更有這容人之量。

一邊吃喝一邊聊天，快樂不知時日過，這位煮婦是時候回家準備是日晚餐了。我們更約好隔天一起再逛週末露天菜市場，看來這位女主人已經早有預謀打算，打算以南歐輕食 tapas 形式做出一桌美味，我當然樂得闖入她家廚房做個快樂幫工。

有朋自遠方來，鹿特丹以溫煦陽光、交加雷電、刺骨寒風、連綿大雨小雨讓我們感受這個港都初夏的多變天氣。無論是晴是雨，我們都沒有辜負，都在外頭走動，我也暗自爭取機會體驗一下良憶當年作為一個成熟獨立的異國女子，闖進這個陌生環境裡，要展開一段感情關係要落地真實生活的種種意料之內之外的情況。當然每個人有其不一樣的生存能力，好好生活的同時也為旁人帶來刺激、參考和鼓勵。特別像良憶這樣一位能吃能煮，善於用文字與讀者老實分享美食、音樂、生活經驗的作者，幾年下來已經累積了一疊精彩作品。我作為忠實讀者就最清楚，良憶南北來往吃遍東西，卻絕對不來炫耀學識，不搞艱深理論，一切輕描淡寫同時熱情磊落，種種飲食經驗回憶，一頭緊扣故鄉祖輩親人傳承，一頭連接異國新生活現況體會，在餐廳酒館在菜市場在自家廚房在陽台香草園圃在度假鄉居時都好奇率性地活出真性情，不賣帳，也把一切帳都記在食物之上。

深信一個傳統菜市場絕對有資格反映甚至代表一個地方的人情關係性格特徵以及經濟民生狀況，所以和良憶約好遊逛鹿特丹最大的週六露天市場，不只為我們即將要做的一桌好菜準備材料，更加像在作田野調查。

當然良憶已經是此間熟客，一眾相熟的攤販主人，賣魚的賣菜賣水果的賣香料雜貨的，都一一把這個嬌小靈巧的東方女子給認出來。大方地算她便宜點也給她挑點新鮮上好的，這倒確實是一種江湖地位，是這條「食物鏈」上緊密互扣的一種「親情」。我們更到了市場旁的義大利食材專賣店去買風乾火腿和臘腸，當我見到那肥腴甘美的鹽漬豬膏時更忍不住也買了點。路過花店也愉快地選了亮黃鬱金香和粉白杏花，高高興興地回家做飯去。

回到良憶這個面向港口loft格局的二百多平方公尺的家，整個生活空間都以開放式處理。除了衛浴由兩個小貨櫃組裝，這室內裝潢可是良憶丈夫喬布一手策畫設計，更樂於自己動手為求合適貼心。一排書架依牆而建，早已堆得滿滿，另一牆是良憶的音樂選擇，馬上叫我記起當年閱讀她將音樂配上美食的深情創作。房子正中當然是女主人的舞台，一個「升級」了的料理台，背後就是冰箱、烤箱和廚櫃，格局絕對可以殺進一隊攝組來錄影。良憶從小進出廚房，廚藝已有專業素養，但卻不必作秀應酬，飲飲食食完全是夫婦倆以及親朋好友間的日常實在。一切興之所至手到擒來，也不必刻意強調什麼減碳樂活，反正自有個人原則態度，但求輕鬆自在。

也就是在這個私密同時開放的空間裡，良憶幾年下來完成了她眾多的翻譯作品，好幾本在歐洲大城小鎮短暫度假居留的生活速寫；還有充滿故鄉異鄉親情友愛飲食回憶的《吃‧東‧西》；走遍歐洲十三個市集的超新鮮超實用指南《在歐洲，逛市集》。那種得天眷顧感恩之餘，熱切把經歷感受與人分享的興奮衝動心情，我這個同行同好該是最瞭解的吧。每趟回家就是為了下回出門作好準備，早就習慣在案頭埋首努力也善於在外頭奔波遊走的她，已經既浪漫又實在地與丈夫商議籌畫下一個遷移行動了。

在這個充滿足夠攝影器材設備（都是喬布的玩意兒）但也不必打燈聚光的午後，良憶一婦當關，在我們的連聲歡呼下，魔術似的邊談笑風生邊做好醃橄欖、烤甜椒、燻鮭魚配義大利節瓜、優格伴青瓜、烤西紅柿（番茄）串、辣椒大蒜蝦仁等等三四五六道小菜，最後還來一尾烤海鱸魚配蔬菜，臨時加一個說好要做的紅菜頭片沙拉。我們一邊聽著良憶挑選的塞內加爾樂團 Orchestra Baobab 的 Specialist in All Styles（果然點題！）的風騷熱鬧，台灣獨立樂團「靜物」的女歌手 Lisa 的真情率性，和台灣原住民歌謠老大胡德夫先生的厚闊吟唱，一邊在主廚身邊幫忙洗洗切切擺擺盤，到最後大家也忍不住就高高興興開吃起來。已近傍晚六七點但室內還是亮如白晝，我們吃著喝著認真八卦著相熟的陌生的人情家園小事大事，再一次在低頭若有所思和開懷哄然大笑間感謝上天安排一別經年再遇，認定我們根本就是同一夥。

01   02  03  04  05  06

## 01黑橄欖青橄欖

- 分別以香草、橄欖油和小辣椒再加工醃上2天，更合自家口味。

## 02手切薄豬油片

- 在市場現買的豬油片（lard），鋪在盤上，以細蔥（chives）點綴。

## 03義大利風乾鹹臘腸

- 切成薄片後成最佳下酒菜。

## 04生火腿餅乾棒

材料：
義大利生火腿prosciutto　1包
義大利餅乾棒　1包

- 以生火腿薄片包捲在餅乾棒上即完成。

## 05涼拌甜紅椒

材料：
甜紅椒　3個

- 先把烤箱以200℃預熱。把甜紅椒放進烤箱中，15分鐘後打開烤箱將紅椒轉面，繼續烤10分鐘，這時整個紅椒表面焦黑，以紙袋或耐熱塑料袋包好，待涼後便輕易地撕掉表皮。切開後把籽和蒂去掉，切以橄欖油、白酒醋、義大利陳醋、鹽、現磨黑胡椒調味。放入冰箱醃1天時間才吃最對味。上菜前撒上歐洲香菜，色香味十足。

## 06優格拌青瓜

材料：
青瓜　2條　　　薄荷葉　數片
蒜頭　1瓣

- 先把青瓜去籽去表皮，切開兩半，再切成小厚片。以少許鹽拌勻以出水，醃約半小時後沖水，把水分擠乾。
- 分別將蒜頭、新鮮薄荷葉切碎。
- 將以上3種材料拌勻，以少許鹽、白胡椒粉、橄欖油、紅甜椒粉及希臘優格一起拌勻。味道濃淡以個人喜好而定，不必成規。

## 07燻鮭魚拌義大利節瓜

材料：
義大利節瓜　1條
燻鮭魚　1包

- 青瓜切成厚片，以少許橄欖油輕微烤炙過，抹上cream freche奶油，再將燻鮭魚撕成一吋粗的長條，用手捲成一撮放於青瓜上面。可視口味撒鹽和胡椒。

## 08烤西紅柿（番茄）串

材料：
小紅西紅柿（番茄）　1盒

- 把連枝莖的小紅西紅柿放在烤盤上，撒上橄欖油，現磨黑胡椒及少許海鹽，然後放進預熱的烤箱裡以180℃烤約20分鐘。

## 09涼拌甜紅菜頭

材料：
現買的冷凍紅菜頭　1包
義大利巴馬乾酪(Parmasen cheese)　適量
松子　少許
火箭菜　適量

- 松子炒香，甜紅菜頭切薄片，鋪好在盤上，以鹽、現磨黑胡椒，義大利陳醋調味最後撒上松子和乾酪即完成。

## 10辣椒蒜香炒大蝦

材料：
蝦　8隻
紅辣椒及蒜頭　適量
羅勒葉　1束

- 熱鍋裡燒熱橄欖油，以小火炸香紅辣椒片及蒜頭片，放進蝦繼續炒。
- 以羅勒葉、鹽、現磨黑胡椒調味，再加少許歐洲香菜，最後榨少許鮮檸檬汁及檸檬屑，完成。

## 11烤鱸魚

材料：
鱸魚　1條
茴香、紅洋蔥、甜紅椒　適量
義大利節瓜　1條

- 烤箱以200℃預熱。茴香、紅洋蔥、甜紅椒、義大利節瓜一一切好，還有連外皮的蒜頭一起放於烤盤上。澆上橄欖油、鹽、黑胡椒，然後放進烤箱烤約10分鐘。
- 鱸魚抹乾表面，放3片檸檬片、茴香籽、雜香草於魚肚內，魚的表面割幾刀，把鹽及黑胡椒撒在魚身上，再以橄欖油抹勻後，置於蔬菜上繼續烤約20分鐘左右（180℃），取出把魚轉身，少許橄欖油及檸檬汁澆面，再烤5分鐘左右。上菜時撒一把歐洲香菜。

07 　08 　09 　10 　11

# 魔椅柏林

很羨慕甚至妒忌那些趁著青春已經闖蕩過逗留過這裡那裡的友人。
真正叫我尊敬的是他們她們並不是走馬看花，
而是真正豁出去也花得起──花得起時間又有用不盡的精力，
當旺的一剎盡地燃燒，
得來種種經歷足夠一輩子享用。

就像認識的一位台灣好友銘甫，
保持每年幾乎有三分之一的時間在國外，
而且不是隨便走走看看，每次都定點深入一個地方，
而近年最叫他夢縈魂牽的一個地方就是柏林。

原來有些人是註定要快活，而且是快活在路上的。

一直希望自己也是當中一員，但實際上還是未放得下，總是黏著那一兩個地方，更不長進就只黏在表層，連「自己的」地方也未有能力深深地鑽進去，以為來日方長其實是時日無多。

所以就更羨慕甚至妒忌那些趁著青春已經闖蕩過逗留過這裡那裡的友人。真正叫我尊敬的是他們她們並不是走馬看花，而是真正豁出去也花得起 —— 花得起時間又有用不盡的精力，當旺的一剎盡地燃燒，得來種種經歷足夠一輩子享用。我們這些坐在旁邊聽得目瞪口呆的，總認為有朝一日退休就可以出發上路 —— 只怕是到了那個時候體力衰退而且成見太深，並不像年輕時候的凌屬挑剔，尖銳抵死。

趁還未太遲就趕緊出發吧，如此這般其實是慢不得的，就像認識的一位台灣好友銘甫，保持每年幾乎有三分之一的時間在國外，而且不是隨便走走看看，每次都定點深入一個地方，而近年最叫他夢縈魂牽的一個地方就是柏林。

早在十多年前銘甫已經在柏林住了半年，而且「一不小心」住到普林茲勞爾山栗子大街八十六號，一個充滿另類精神、理想主義的街區——「每一次歸來，都會從頭到尾再把這條街好好走一回，泡泡昔日的咖啡館，吃吃過去老鄰居做得全麥麵包。依舊去那家破落且低調的電影院，以及逛著路口那家充滿大麻煙味的唱片行。」

銘甫喜歡的柏林，當然不僅止於那裡的牛奶咖啡，他看見的柏林，一向是反文明的、反對機械取代人工，反對工廠取代家庭，反對集體取代個人，反對大眾排擠小眾，當然也反對戰爭。所以柏林這個地方，標榜的就是另類——龐克音樂、嬉皮文化、公社運動、跳蚤市場、塗鴉、同志社群、有機飲食、前衛藝術……凡此種種都拼湊起一個烏托邦一樣的現代柏林，裡面滿載的是有獨立個性態度的個體，有多元文化的豐沛生命力，有不同族群間驚人的包容力。作為一個對自己負責任的「路人」，在大環境裡取得越多，就越有衝動也越懂得如何回饋，對人、對社會、對世界。

所以銘甫也把他在遊走過程中養成的另類習慣——對跳蚤市場二手家具的鐘愛，對

咖啡店的迷戀，變成了一項營生，在自己的老家台北，先後開了兩家叫做「魔椅」
的店，一家叫做「學校」的咖啡館，而這個不是在離家路上就是在回家路上的天涯
浪子，帶著他的幾把舊椅子，還有餐桌梳妝檯茶几燈飾杯盤衣架煙灰缸掛鐘壁紙繪
本雜誌等等新舊家當，從台北走到柏林走到北京走到香港。每一趟在這裡那裡碰上
他，坐下來喝茶聊天的時候他都會稍稍皺一下眉，一臉認真地說，唔，最近好像忙
了一點累了一點，是時候該好好休息一下 —— 然後一轉身他又馬上告訴我下個月、
明年、後年以及十年二十年的計畫和願景，而更恐怖的是，他說得出就做得到。短
短幾年間，他曾經把家具店開到「北京 798」去，把收來的家具雜物售予在上海及
在香港的同道友人，反正我們這些相熟的每次經過，就嗅得出這是銘甫的氣味認得
出是他的眼光。

說了這許多趟，終於決定要到柏林探老朋友，而且要在他家裡為他做一頓飯，還要
到他熟悉和喜歡的土耳其人聚居的市場裡去買各種食材，混搭出一頓柏林 —— 土耳
其 —— 台灣 —— 香港風格和滋味的午飯。

每年留駐柏林半年的銘甫幾乎已經是中港台三地駐柏林非官方代表，媒體朋友來此都乖乖地來跟他拜碼頭，跟他一起走在他喜愛的菓子大街上東張西望，去泡他最喜愛的咖啡館，到那些雜花生樹的小公園裡跟小孩們一起嬉戲。一邊在路上閒蕩著，一邊與他交換著我這個「新人」與他這個「老鬼」對柏林的觀感。那種什麼也不在乎的慵懶生活狀態當然很吸引，但我倒有點誇張的覺得地鐵裡或者咖啡廳中甚至路旁坐在我對面的這位那位都好像未睡醒，更有點像剛起來就打了人或者被人家打過。這樣說來並沒有對柏林人不敬的意思，說得文藝一點的就是每個人都好像有很多很多故事寫在臉上，甚至臉龐太小故事太多都寫不下了，那種滄桑不只是皮膚不好眼圈太黑，那是非比尋常的生活經歷的層層累積。

看來也是時候了，該以一個中年人有點冷靜有點落寞有點孤獨但還有點好奇有點衝動的複雜心態，一步一步的走進柏林。路的另一端該是一種並不存在於現實中的清靜和沉默，這也該是很多柏林人的終極追求吧。他們她們都有過狂飆浪蕩的年輕歲月，好不容易來到今天，可以站到另一個位置和角度觀看自己的歷史和繼續體會今天當下。如果錯過了自己的年輕日子，又無意硬闖身邊小朋友的歡樂時光，就該來柏林這並不打算完全翻修如新的街區走兩圈，來了你就明白我在說什麼。

「我一來到這個城市，便如獲至寶似地瘋狂喜歡上這裡！柏林，擺在歷史裡，硬是擲地有聲！我其實更愛的，是這個看起來宛如死灰槁木，爹既不疼娘也不愛的城市，竟然有著置死地而後生的堅韌活力。很少有一個城市，會把地下文化變成主流文化。」

摘自《乾杯！柏林大街》／簡銘甫

### 香菇蒜頭雞湯

材料：

雞　　1隻
乾香菇　8個
蒜頭　　5瓣
芫茜（香菜）　1束

- 先將乾香菇以水泡軟，蒜頭去皮，雞清洗乾淨。
- 鍋中開水燒沸後把材料放進，大火燒開後以中火燒約90分鐘即可。以少許鹽調味，芫茜作伴增添香氣。

### 土耳其沙拉

材料：

火箭菜　　60克
土耳其乳酪　2片
土耳其小麥飯　1/2盒

- 火箭菜洗淨後瀝乾水，將土耳其乳酪以手撕細片，與火箭菜及小麥飯一起拌勻，澆上橄欖油即成。

### 乾蔥拌菜飯

材料：

米飯　　2碗
菠菜　　500克
鵝油乾蔥（或炒香的紅蔥頭末）　300克

- 菠菜洗淨後切末，在油鍋中炒熟時，把煮好的飯加進一起炒拌至入味。
- 最後拌入鵝油乾蔥即完成。

### 薄荷茶

材料：

新鮮薄荷　1束
蜜糖或原糖　適量

- 薄荷葉泡在熱水中，以蜜糖或原糖調味。

# 秋高・氣爽・身心野餐

身處香港這個鋼筋水泥的大都會也還算幸福，
一時心野想去野餐，
其實還是有不少選擇。

離市區最近十五分鐘最遠七八十分鐘，
就可以一嚐在森林和原野的痛快滋味。
雖然高樓大廈以及城市煙塵都遙遙在望，
但至少已保持了一定的生理心理距離，
已經滿足了偷閒欲望。

要談什麼嚴肅認真的正經大事，她們和他們當然都不會來找我。但到了一切正經八百的事情都處理好（或者永遠處理不好），開始進入更重要的議題——到哪裡去吃飯？——我的電話就響起來了。喂喂喂，我們有三個人，喂喂喂，我們一共有八個人，喂喂喂，有幾個朋友從內地來，從外地來，你有什麼建議，該到哪裡去該吃什麼？

哪怕更忙更亂，一接到這些求救電話，我自然樂意擔當這個本地的二十四小時全天候美食導遊，甚至熱衷點菜的角色。天生嘴饞為食，不必躲避。所以三兩回合下來大家對推薦還滿意，就進一步地挑戰我。喂喂喂，你是否只是說得一口好菜，究竟你自己下不下廚？

這樣一問，可真挑起我那根好勝逞強的筋。當然我真的沒有師事三星大廚，也沒有站過店堂做過服務員，但我倒憑那在外頭吃喝的味覺經驗，大膽地入廚舞刀弄鏟。如果你們更大膽，我會欣然告訴面前的他和她，找個機會來吃我做的菜。他和她和他和她聽了當然高興，也就毫不客氣地連日子也定好了。既然大家興致勃勃的，我就更進一步——大夥躲在家裡吃沒什麼新鮮感，要不我們就到郊外去野餐吧！

一言既出，才知覺到真的好久好久好久沒那麼幕天席地地玩過了。一時間腎上腺素
分泌上升，心跳加速手心冒汗，也就冒出了一個在秋日艷陽底下有前有後有飲有食
的菜單：

- 草莓藍莓桑椹醋飲
- 辣味酪梨雞蛋醬配墨西哥玉米片
- 羊奶乳酪西瓜涼拌
- 泰式柚子金不換（羅勒）涼拌
- 出爐叉燒配蜂蜜龍眼肉沾醬
- 香茅檸檬茶
- 桂花、紅豆、洋菜涼糕

既然有了這麼一個大致構想，就得在家裡廚櫃中翻江倒海，找出一批不易摔破且容易清洗的餐具盛器，主要還是以大家都有點遺忘了的搪瓷（琺瑯）器皿為主，再配上適量的手工玻璃杯和手工瓷盤，以及可以持續重覆使用的輕便環保餐具。撥個電話向熱衷登山露營的好友借來一套小巧實用的野外炊具，而且還是酷得可以的炭黑色。買來的新鮮食材都得放置在充滿冰塊的手提冰箱裡，以保證涼拌食材的冰涼口感在荒山野嶺裡也無損失影響。

這樣拿著寫好的食材單子在菜市場、超市和燒臘店內走了一遭，兩手提著好重好重，但心情卻超輕鬆超興奮，就像小學生秋季大旅行出發前一般雀躍。

身處香港這個鋼筋水泥的大都會也還算幸福，一時心野想去野餐，其實還是有不少選擇。離市區最近十五分鐘最遠七八十分鐘，就可以一嚐在森林和原野的痛快滋味。雖然高樓大廈以及城市煙塵都遙遙在望，但至少已保持了一定的生理心理距離，已經滿足了偷閒慾望。

這回選擇的出遊地更是在香港東南面的一個小島東龍洲，避開了週末攀岩和露營的遊人，花了一點錢專聘一艘快艇，在海上飛馳十來分鐘就神奇抵岸，沿著石灘小路往露營大草地走去，也是不出十五分鐘的路，對我們這些貪新鮮又實在懶得走動的傢伙來說，最好不過。

非週末假日的郊野公園實在是個好地方。天大地大，四野無人，餐桌餐椅烤爐一應俱全，叫大夥忽然都有成為莊園主人的感覺。既是主人就要更加主動，在我權充司令的指揮下，大夥七手八腳就把一道又一道設想中的美味實踐成真。切西瓜的、剝柚子肉的、以瓶裝水洗淨香草的，以至生火煮茶的、置放桌布杯盤碗碟的……難得大家都分別從繁忙中跑脫出來，肆意心野，即使是同樣的菜式一來到豔陽下都顯得格外活潑分外滋味。秋日午後在自家離島後花園歡樂片刻，竟然開啟了日常生活的另一種可能。

### 雜莓桑椹醋飲（6人份）

材料：
草莓　約15粒
藍莓　約10粒
紅莓　約20粒
桑椹醋　適量
礦泉水　適量
冰塊　適量

- 將草莓、藍莓、紅莓用礦泉水洗淨，草莓去葉梗並切半。
- 用寬口水瓶按自己濃淡口味以礦泉水調開桑椹醋，把果肉放進泡浸片刻。
- 放入冰塊，即可注出飲用，透心涼快！

### 辣味酪梨雞蛋醬配
### 墨西哥玉米片（6人份）

材料：
熟透酪梨　3個
雞蛋　3顆
辣椒粉　適量
檸檬汁　適量

- 將酪梨剖開挖出果肉並搗碎。
- 雞蛋預先煮熟，剝開切小塊。
- 將酪梨果肉與雞蛋拌勻，擠進少許檸檬汁。
- 撒上少許辣椒粉，吃時配上墨西哥玉米片，最佳餐前開胃菜。

### 羊奶乳酪西瓜涼拌（6人份）

材料：
無核西瓜　1/2個
葡萄柚　1個
薄荷葉　1小束
去核油漬黑橄欖　10粒
初榨橄欖油　適量
羊奶乳酪　1小片

- 先將西瓜取肉切丁放於盛器中。
- 薄荷葉洗淨撕碎葉片撒於西瓜上。
- 葡萄柚剖半取果肉，橄欖切小丁，和橄欖油拌勻一起澆於西瓜上。
- 以小匙挑捏羊奶乳酪置於盤中，紅綠黑白色誘一眾。

### 泰式柚子
### 金不換（羅勒）涼拌（6人份）

材料：
柚子肉　6大片
泰國金不換(泰式羅勒)香葉　1束
已炸好的紅蔥頭片　適量
已炸好的蝦米　適量
紅辣椒　1條
橄欖油　適量
青檸檬　2顆

- 先將柚子肉拆碎。
- 金不換葉洗淨，手撕成小片，與柚子肉拌勻。
- 紅辣椒1條切碎，青檸2個剖開榨汁，和橄欖油拌勻成醬汁。
- 將醬汁澆進，與柚子肉拌勻。
- 撒進預先炸好的紅蔥頭片及蝦米，山野間演繹泰國風情。

### 出爐叉燒配
### 蜂蜜龍眼肉沾醬（6人份）

材料：
廣東叉燒厚切　12片
新鮮龍眼　20顆
羅勒葉　1束
有機蜂蜜　適量
有機菠菜　1小包

- 有機菠菜洗淨拭乾，先鋪在盤上備用。
- 龍眼剝開去核取肉，加入切碎羅勒葉，並拌進蜂蜜成沾醬。
- 將厚切叉燒置於菠菜上，澆上沾醬配以薄餅或燒餅同吃，簡易美味一道主菜。

### 香茅檸檬茶（6人份）

材料：
香茅　3枝
檸檬　1顆
速溶紅茶包　2包

- 香茅取嫩芯部分，切細。
- 檸檬切小片。
- 以小茶壺燒開水，泡進茶包、香茅及檸檬片。
- 飯後甜品時間與買來的桂花、紅豆和洋菜涼糕邊飲邊吃，完美不是句號而是開始！

後記

# 共飯人

樂此不疲做飯人，首先要感謝誘發這一頓又一頓飯且提供媒體發表平台的
兩位好友阿龍和三三。

廸新、浩然、雁剛幾位攝影師的精彩記錄當然功不可沒。

一共上路且在廚房裡在我身邊撐起大半邊天的M最懂得控制分量和品質。

對於所有大膽勇敢地打開廚房讓我進去搗亂的新朋舊友我實在無以為報，
至於她們他們終於按捺不住先下手為強成為共飯人免我壞了美味好事，
我樂得偷懶只會偷笑。

謹以此書獻給來不及像過去一樣為我的出版物把關校對，現在在天一方
永遠守護著我的摯愛母親。

應霽　2011年5月

# home 09　天生是飯人 born to cook

著者
**歐陽應霽**

策畫統籌
**黃美蘭**

攝影
**陳廸新（家課製作）、謝浩然、李雁剛**

封面攝影、美術設計及製作
**歐陽應霽、陳廸新（家課製作）**

責任編輯
**陳怡慈**

法律顧問
**全理法律事務所董安丹律師**

出版者
**大塊文化出版股份有限公司**
台北市105南京東路四段25號11樓
www.locuspublishing.com
讀者服務專線：0800-006689
TEL：（02）87123898　FAX：（02）87123897
郵撥帳號：18955675　　戶名：大塊文化出版股份有限公司

總經銷
**大和書報圖書股份有限公司**
地址：新北市新莊區五股工業區五工五路2號
TEL：（02））89902588（代表號）　　FAX：（02）22901658

製版
瑞豐實業股份有限公司

初版一刷　2011年9月

定價　新台幣 380元

版權所有 翻印必究　Printed in Taiwan
ISBN：978-986-213-271-5

國家圖書館出版品預行編目資料

天生是飯人 / 歐陽應霽作. -- 初版. -- 臺北市：
　　大塊文化，2011.09
　　面；　公分. --（home ；9）
　　ISBN 978-986-213-271-5 (平裝)

　　1.飲食　2.文集

427.07　　　　　　　100014887